建筑制图与识图
（含实训任务书）
（第2版）

主　编　何培斌
副主编　何清清　栗新然
参　编　张永荐　刘　璐　姜佩言
　　　　高新毅　刘　案

北京理工大学出版社
BEIJING INSTITUTE OF TECHNOLOGY PRESS

内 容 提 要

本书共分为10个任务，主要包括绘图基础、投影的基本知识、工程立体的投影、轴测投影、剖面图和断面图、建筑施工图的阅读与绘制、结构施工图的阅读与绘制、建筑给水排水施工图的阅读与绘制、计算机绘制建筑施工图、施工图实例等内容。

本书可作为土木工程、工程管理以及其他相关专业的教材，也可供职工大学、函授大学、电视大学、中等专业学校等其他类型学校的相关专业选用，还可以供土建工程相关技术人员学习识读和绘制建筑工程图时参考使用。

版权专有　侵权必究

图书在版编目(CIP)数据

建筑制图与识图：含实训任务书／何培斌主编．—2版．—北京：北京理工大学出版社，2018.6（2020.1重印）

ISBN 978-7-5682-5798-5

Ⅰ.①建…　Ⅱ.①何…　Ⅲ.①建筑制图－识图－教材　Ⅳ.①TU204.21

中国版本图书馆CIP数据核字（2018）第142952号

出版发行 ／ 北京理工大学出版社有限责任公司	
社　　址 ／ 北京市海淀区中关村南大街5号	
邮　　编 ／ 100081	
电　　话 ／ （010）68914775（总编室）	
（010）82562903（教材售后服务热线）	
（010）68948351（其他图书服务热线）	
网　　址 ／ http://www.bitpress.com.cn	
经　　销 ／ 全国各地新华书店	
印　　刷 ／ 河北鸿祥信彩印刷有限公司	
开　　本 ／ 787毫米×1092毫米　1/16	
印　　张 ／ 24	责任编辑 ／ 钟　博
字　　数 ／ 581千字	文案编辑 ／ 钟　博
版　　次 ／ 2018年6月第2版　2020年1月第5次印刷	责任校对 ／ 周瑞红
定　　价 ／ 58.00元（含实训任务书）	责任印制 ／ 边心超

图书出现印装质量问题，请拨打售后服务热线，本社负责调换

第2版前言

2013年1月由何培斌主编的《建筑制图与识图》第1版出版，从出版到2017年10月已经经过15次印刷。

本书在《建筑制图与识图》第1版的基础上，吸取各使用本教材院校的反馈意见及总结编者自己的使用情况进行了修订。本次修订除保持第1版的特色、修正了第1版中的某些疏漏与谬误外，还按最新的国家标准重点对任务1、任务6进行了部分修改，并增加了任务9"计算机绘制建筑施工图"，同时增强了施工图实例的工程案例，使之能更加适应与现阶段实际建筑施工图的结合。

本书在重新编写的过程中，仍然坚持"以应用为目的，以必需、够用为度"的原则，根据高等院校房地产类专业及土建类专业的特点，以区域产业发展对人才的需求为依据，以工学结合、校企合作、顶岗实习的人才培养模式，实现专业与行业（企业）岗位对接，专业课程内容与职业标准对接；推行任务驱动、项目导向的"教、学、做"一体的教学模式。本书突出科学性、时代性、工程实践性，并注重吸取工程技术界的最新成果，为学习者推介富有时代特色的工程建筑施工图实例，有利于学习者增强创新意识，培养实践能力，使之学以致用，解决实际工程中遇到的问题。在内容的选择和组织上尽量做到主次分明、深浅恰当、详略适度、由浅入深、循序渐进，并注重图文并茂、言简意赅，方便有关土建类各专业及房地产类专业的教师教学和学生自学。

本书由何培斌担任主编，由何清清、栗新然担任副主编，张永荐、刘璐、姜佩言、高新毅、刘案参与了本书部分章节的编写工作。具体编写分工为：张永荐编写任务1、任务7，栗新然编写任务2，何清清编写任务3，刘璐编写任务4，何培斌编写任务5、任务6，姜佩言编写任务8，高新毅编写任务9，刘案编写任务10。

限于编者的水平，本书仍有不少疏漏、谬误，敬请读者批评指正。本书在编写过程中参考了一些有关的书籍，在此向相关作者表示衷心的感谢。

编　者

第1版前言

本书是按照中华人民共和国教育部对高等院校房地产类专业及土建类专业人才培养目标的相关要求编写的，是高等院校房地产类专业及土建类专业系列教材之一。本书可作为高等院校土木工程专业、工程管理专业以及其他相近专业的参考教材，也可供其他类型学校如职工大学、函授大学、电视大学、中等专业学校的有关专业选用，同时还可以作为土建工程有关技术人员学习识读和绘制建筑工程图的参考用书。

本书是针对高等院校房地产类专业及土建类专业的特点，根据编者多年的教学实践和重点课程、精品课程的建设经验，以及五次带队参加全国大学生先进成图技术、产品信息建模创新大赛的实战经验编写而成的，其主要特点是：以识读和绘制建筑工程图的实际操作为重点，理论联系实际，坚持学以致用，突出科学性、时代性、工程实践性。全书在内容的选择和组织上尽量做到主次分明、详略适度、循序渐进，并注重图文并茂、言简意赅。本书在编写中注重吸取工程技术界的最新成果，特邀企业高级工程师参与编写及实践教学，为学生推介富有时代特色的工程建筑施工图实例，同时还适当拓宽了土建专业图的专业面，切实保证了本课程必学内容的深度和广度。

本书由何培斌主编，参加编写的有田宽（任务1），胡蝶（任务2），蒲镝（任务3），杨洋（任务4），栗新然（任务5），何培斌（任务6），张尽沙（任务7），黎明（任务8），毛明丹、田瑶（任务9），李渊和陈立娅参与了本书的大纲审定及内容审读等工作。

本书在编写过程中参考了有关书籍，在此向相关作者表示衷心的感谢！限于编者的水平，书中的疏漏、谬误之处，敬请读者批评指正。

编　者

目 录

任务1　绘图基础 ………………… 1

1.1　制图工具及使用方法 ……………… 2
- 1.1.1　图板 …………………………… 2
- 1.1.2　丁字尺 ………………………… 2
- 1.1.3　三角尺 ………………………… 3
- 1.1.4　铅笔 …………………………… 3
- 1.1.5　圆规、分规 …………………… 4
- 1.1.6　比例尺 ………………………… 5
- 1.1.7　绘图墨水笔 …………………… 6
- 1.1.8　建筑模板 ……………………… 6

1.2　图幅、线型、字体及尺寸标注 …… 7
- 1.2.1　图幅、图标及会签栏 ………… 7
- 1.2.2　线型 …………………………… 10
- 1.2.3　字体 …………………………… 12
- 1.2.4　尺寸标注 ……………………… 15

1.3　建筑制图的一般步骤 ……………… 21
- 1.3.1　制图前的准备工作 …………… 21
- 1.3.2　绘铅笔底稿图 ………………… 21
- 1.3.3　铅笔加深的方法和步骤 ……… 22

1.4　徒手绘图 …………………………… 23
- 1.4.1　徒手绘图的含义 ……………… 23
- 1.4.2　徒手绘图的画法 ……………… 23

复习思考题 ………………………………… 25

任务2　投影基本知识 …………… 26

2.1　投影概述 …………………………… 26
- 2.1.1　投影的概念 …………………… 26
- 2.1.2　投影法分类 …………………… 27

2.2　正投影的特征 ……………………… 28
- 2.2.1　类似性 ………………………… 28
- 2.2.2　全等性 ………………………… 28
- 2.2.3　积聚性 ………………………… 28

2.3　三面投影图 ………………………… 29
- 2.3.1　三面投影图的形成 …………… 29
- 2.3.2　三面投影图的展开 …………… 31
- 2.3.3　三面投影图的基本规律 ……… 31

2.4　点的投影 …………………………… 32
- 2.4.1　点的三面投影 ………………… 32
- 2.4.2　两点的相对位置 ……………… 35

2.5　直线的投影 ………………………… 36
- 2.5.1　特殊位置直线 ………………… 37
- 2.5.2　一般位置直线 ………………… 39

2.6　平面的投影 ………………………… 42
- 2.6.1　平面的表示方法 ……………… 42
- 2.6.2　投影面的垂直面 ……………… 43
- 2.6.3　投影面的平行面 ……………… 45
- 2.6.4　一般位置平面 ………………… 46

2.6.5 属于平面的直线和点 …… 47
复习思考题 …… 48

任务3 工程立体的投影 …… 49

3.1 平面立体 …… 49
 3.1.1 棱柱体 …… 49
 3.1.2 棱锥体 …… 51
3.2 曲面立体 …… 53
 3.2.1 圆柱体 …… 53
 3.2.2 圆锥体 …… 54
 3.2.3 圆球体 …… 56
3.3 组合体的视图 …… 58
 3.3.1 组合体的组成方式 …… 58
 3.3.2 组合体视图的名称及位置 …… 58
 3.3.3 组合体视图的画法 …… 59
 3.3.4 组合体视图的尺寸标注 …… 61
 3.3.5 组合体视图的阅读 …… 63
复习思考题 …… 68

任务4 轴测投影 …… 69

4.1 轴测投影的基本知识 …… 69
 4.1.1 轴测图的形成与作用 …… 69
 4.1.2 轴测图的分类 …… 69
 4.1.3 轴测图中的轴间角与伸缩系数 …… 70
 4.1.4 轴测投影图的特点 …… 70
4.2 正等测图 …… 70
 4.2.1 正等测的轴间角与伸缩系数 …… 70
 4.2.2 正等测的画法 …… 71

4.3 斜轴测图 …… 73
 4.3.1 正面斜轴测图 …… 73
 4.3.2 水平斜轴测图 …… 75
4.4 坐标圆的轴测图 …… 76
 4.4.1 八点法 …… 76
 4.4.2 四心法 …… 78
复习思考题 …… 79

任务5 剖面图和断面图 …… 80

5.1 剖面图和断面图的用途及形成 …… 80
5.2 剖面图的画法及分类 …… 81
 5.2.1 剖面图的画法 …… 81
 5.2.2 剖面图的分类 …… 84
5.3 断面图的画法及分类 …… 88
 5.3.1 断面图的画法 …… 88
 5.3.2 断面图与剖面图的区别 …… 88
 5.3.3 断面图的种类 …… 88
复习思考题 …… 90

任务6 建筑施工图的阅读与绘制 …… 91

6.1 房屋建筑施工图概述 …… 91
 6.1.1 房屋的组成及房屋建筑施工图的分类 …… 91
 6.1.2 模数协调 …… 92
 6.1.3 砖墙及砖的规格 …… 93
 6.1.4 标准图与标准图集 …… 93
6.2 建筑施工图设计总说明及总平面图 …… 95

- 6.2.1 建筑施工图设计总说明 ………… 95
- 6.2.2 总平面图的用途 ………………… 95
- 6.2.3 总平面图的比例 ………………… 95
- 6.2.4 总平面图的图例 ………………… 95
- 6.2.5 总平面图的尺寸标注 …………… 98
- 6.2.6 总平面图的读图要点 …………… 99

6.3 建筑平面图 …………………………… 100
- 6.3.1 建筑平面图的用途 ……………… 100
- 6.3.2 建筑平面图的形成 ……………… 100
- 6.3.3 建筑平面图的比例及图名 ……… 100
- 6.3.4 建筑平面图的图示内容 ………… 101
- 6.3.5 建筑平面图的线型 ……………… 109
- 6.3.6 建筑平面图的轴线编号 ………… 109
- 6.3.7 建筑平面图的尺寸标注 ………… 111
- 6.3.8 建筑平面图的画图步骤 ………… 118
- 6.3.9 建筑平面图的读图要点 ………… 118

6.4 建筑立面图 …………………………… 119
- 6.4.1 建筑立面图的用途 ……………… 119
- 6.4.2 建筑立面图的形成 ……………… 119
- 6.4.3 建筑立面图的比例及图名 ……… 120
- 6.4.4 建筑立面图的图示内容 ………… 120
- 6.4.5 建筑立面图的线型 ……………… 121
- 6.4.6 建筑立面图的尺寸标注 ………… 121
- 6.4.7 建筑立面图的画图步骤 ………… 124
- 6.4.8 建筑立面图的读图要点 ………… 124

6.5 建筑剖面图 …………………………… 125
- 6.5.1 建筑剖面图的用途 ……………… 125
- 6.5.2 建筑剖面图的形成 ……………… 126
- 6.5.3 建筑剖面图的剖切位置及剖视方向 ………………………… 126
- 6.5.4 建筑剖面图的比例 ……………… 127
- 6.5.5 建筑剖面图的线型 ……………… 128
- 6.5.6 建筑剖面图的尺寸标注 ………… 128
- 6.5.7 建筑剖面图的画图步骤 ………… 129
- 6.5.8 建筑剖面图的读图要点 ………… 130

6.6 建筑详图 ……………………………… 130
- 6.6.1 建筑详图的用途 ………………… 130
- 6.6.2 建筑详图的比例 ………………… 130
- 6.6.3 建筑详图标志及详图索引标志 ………………………………… 130
- 6.6.4 楼梯详图 ………………………… 132
- 6.6.5 门窗详图 ………………………… 137
- 6.6.6 卫生间、厨房详图 ……………… 140
- 6.6.7 其他详图 ………………………… 142

复习思考题 …………………………………… 144

任务7 结构施工图的阅读与绘制 …… 145

7.1 结构施工图概述 ……………………… 145
- 7.1.1 结构设计的任务 ………………… 145
- 7.1.2 常用构件的分类 ………………… 145
- 7.1.3 常用构件代号 …………………… 147
- 7.1.4 结构施工图图线要求 …………… 147
- 7.1.5 钢筋混凝土结构及构件 ………… 148

7.2 混合结构民用建筑结构施工图 ……………………………… 150
- 7.2.1 结构设计说明 …………………… 150
- 7.2.2 基础施工图 ……………………… 151
- 7.2.3 楼层结构布置图 ………………… 156
- 7.2.4 构件详图 ………………………… 164

7.3 混凝土结构施工图平面整体表示方法简述 ………………………… 167
 7.3.1 概述 …………………………… 167
 7.3.2 梁平法施工图的表示方法 …… 167
 7.3.3 柱平法施工图的表示方法 …… 179
复习思考题 ………………………………… 182

任务8 建筑给水排水施工图的阅读与绘制 …………………… 183
8.1 概述 …………………………………… 183
8.2 室内给水排水施工图 ………………… 183
 8.2.1 建筑给水排水的组成 ………… 183
 8.2.2 建筑给水排水图例 …………… 186
 8.2.3 建筑给水排水平面图 ………… 189
 8.2.4 建筑给水排水系统图 ………… 197
 8.2.5 建筑给水排水图的识读 ……… 199
8.3 建筑给水排水总平面图 ……………… 203
复习思考题 ………………………………… 205

任务9 计算机绘制建筑施工图 ……… 206
9.1 天正绘图软件的用户界面与常用绘图工具 ………………………… 206
 9.1.1 天正用户界面 ………………… 206
 9.1.2 常用绘图命令 ………………… 208
9.2 计算机绘制建筑平面图 ……………… 209
9.3 计算机绘制建筑立面图 ……………… 226
9.4 计算机绘制建筑剖面图 ……………… 233
复习思考题 ………………………………… 235

任务10 施工图实例 …………………… 236
10.1 项目名称：南充市高坪区政府办公楼 ………………………… 236
10.2 项目名称：习水县煤炭矿山安全生产救援培训综合用房 …… 237

参考文献 ………………………………… 240

任务1　绘图基础

学习要点

主要学习制图与识图的准备工作,认识制图工具并掌握使用方法,熟悉《房屋建筑制图统一标准》(GB/T 50001—2017)规定的绘制建筑施工图的图幅、图框、线型、字体及尺寸标注的基本要求。应重点掌握线型、字体及尺寸标注的基本要求。

绘图基础

图 1-1 是某客户买房子时,置业顾问给他看的户型图。你可以从这个户型图中看到什么?图中给出了各个房间的具体位置、相互关系、面积大小、形状,以及门窗位置大小等。如果你看不懂这个图,怎么会知道这个户型好不好、适不适合呢?

图 1-1　三室两厅户型图

可见,对于普通大众而言,学会识读建筑施工图,至少对购房和现在居住的房屋会有一个了解,从而帮助他们更好地决策和使用建筑。而对于房地产类及建筑类各专业的学生而言,识读建筑施工图是学习其他所有相关专业课的基础。

对于房地产类及建筑类相关专业的学生而言，不仅要读懂建筑施工图，还要学习绘制建筑施工图。要读懂和绘制建筑施工图，首先要了解建筑施工图的表达方法和规则。下面我们先来学习制图与识图的准备工作。

建筑图是建筑设计人员用来表达设计意图、交流设计思想的技术文件，是建筑物施工的重要依据。所有的建筑图，都是运用建筑制图的基本理论和基本方法绘制的，都必须符合国家统一的建筑制图标准。传统的尺规作图是现代的计算机绘图及 BIM 设计的基础，本次任务将介绍制图工具的使用、常用的几何作图方法、建筑制图国家标准的一些基本规定，以及建筑制图的一般步骤等内容。

1.1 制图工具及使用方法

1.1.1 图板

图板是画图时用的垫板，板面应平坦、光洁。左边是导边，必须保持平整(图 1-2)。图板的大小有各种不同规格，可根据需要选定。0 号图板适用于画 A0 号图纸，1 号图板适用于画 A1 号图纸，且四周略有宽余。图板放在桌面上，板身宜与水平桌面成 10°～15°倾角。

图板不可用水刷洗和在日光下暴晒。

图 1-2 图板和丁字尺

1.1.2 丁字尺

丁字尺由相互垂直的尺头和尺身组成(图 1-2)。尺身要牢固地连接在尺头上，尺头的内侧面必须平直，用时应紧靠图板的左侧——导边。在画同一张图纸时，尺头不可以在图板的其他边滑动，以避免图板各边不成直角时，画出的线不准确。丁字尺的尺身工作边必须平直光滑，不可用丁字尺击物或用刀片沿尺身工作边裁纸。丁字尺用完后，宜竖直挂起来，以避免尺身弯曲变形或折断。

丁字尺主要用于画水平线，并且只能沿尺身上侧画线。作图时，左手把住尺头，使它始终紧靠图板左侧，然后上下移动丁字尺，直至工作边对准要画线的地方，再从左向右画水平线。画较长的水平线时，可把左手滑过来按住尺身，以防止尺尾翘起和尺身摆动(图 1-3)。

图 1-3 上下移动丁字尺及画水平线的手势

1.1.3 三角尺

一副三角尺有 30°、60°、90° 和 45°、45°、90° 两块，且后者的斜边等于前者的长直角边。三角尺除了直接用来画直线外，还可以配合丁字尺画铅垂线和画 30°、45°、60° 及 $15°\times n$ 的各种斜线(图 1-4)。

图 1-4　用三角尺和丁字尺配合画垂直线和各种斜线

画铅垂线时，先将丁字尺移动到所绘图线的下方，把三角尺放在应画线的右方，并使一直角边紧靠丁字尺的工作边，然后移动三角尺，直到另一直角边对准要画线的地方，再用左手按住丁字尺和三角尺，自下而上画线，如图 1-4(a)所示。

丁字尺与三角尺配合画斜线及两块三角尺配合画各种斜度的相互平行或垂直的直线时，其运笔方向如图 1-4(b)和图 1-5 所示。

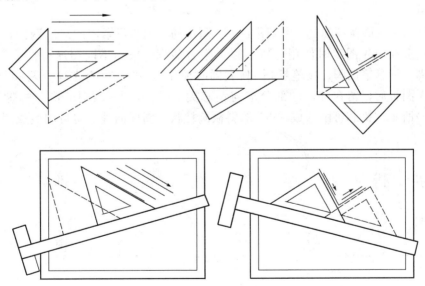

图 1-5　用三角尺画平行线及垂直线

1.1.4 铅笔

绘图铅笔有各种不同的硬度。标号 B，2B，…，6B 表示软铅芯，数字越大，表示铅芯越软；标号 H，2H，…，6H 表示硬铅芯，数字越大，表示铅芯越硬；标号 HB 表示中软。

画底稿宜用 H 或 2H，徒手作图可用 HB 或 B，加重直线用 H，HB(细线)，HB(中粗线)，B 或 2B(粗线)。铅笔尖应削成锥形，铅芯露出 6～8 mm。削铅笔时要注意保留有标号的一端，以便始终能识别其软硬度(图 1-6)。使用铅笔绘图时，用力要均匀，用力过大会划破图纸或在纸上留下凹痕，甚至折断铅芯。画长线时要边画边转动铅笔，使线条粗细一致。画线时，从正面看笔身应倾斜约 60°，从侧面看笔身应铅直(图 1-6)。持笔的姿势要自然，笔尖与尺边距离始终保持一致，线条才能画得平直准确。

图 1-6　铅笔及其用法

1.1.5　圆规、分规

1. 圆规

圆规是用来画圆及圆弧的工具(图 1-7)。圆规的一腿为可紧固的活动钢针，其中有台阶状的一端多在加深图线时使用；另一腿上附有插脚，根据不同用途可换上铅芯插脚、鸭嘴笔插脚、针管笔插脚、接笔杆(供画大圆时使用)。画图时应先检查两脚是否等长，当针尖插入图板后，留在外面的部分应与铅芯尖端平齐(画墨线时，应与鸭嘴笔脚平)，如图 1-7(a)所示。铅芯可削磨成约 65°的斜截圆柱状，斜面向外，也可削磨成圆锥状。

图 1-7　圆规的针尖和画圆的姿势

画圆时，首先将铅芯与针尖的距离调整至等于所画圆的半径，再用左手食指将针尖送到圆心上轻轻插住，尽量不使圆心扩大，并使笔尖与纸面的角度接近垂直；然后右手转动圆规手柄，转动时，圆规应向画线方向略为倾斜，速度要均匀，沿顺时针方向画，将整个圆一笔画完。在绘制较大的圆时,可将圆规两插杆弯曲,使其仍然保持与纸面垂直,如图 1-7(b)所示。直径为 10 mm 以下的圆,一般用点圆规来画。使用时,用右手食指按顶部,大拇指和中指按顺时针方向迅速地旋动套管,画出小圆,如图 1-7(c)所示。需要注意的是,画圆时必须保持针尖垂直于纸面,画出圆后,要先提起套管,然后再拿开点圆规。

2. 分规

分规是截量长度和等分线段的工具,它的两条腿必须等长,两针尖合拢时应可以合成一点,如图 1-8(a)所示。

用分规等分线段的方法如图 1-8(b)所示。例如,将线段 AB 分为 4 等分,先凭目测估计,将分规两脚张开,使两针尖的距离大致等于 AB/4,然后交替两针尖画弧,在该线段上截取 1、2、3、4 等分点;假设点 4 落在 B 点以内,距差为 e,这时可将分规再张开 e/4,再行试分,若仍有差额(也可能超出 AB 线外),则照样再调整两针尖距离(或加或减),直到恰好等分为止。

图 1-8 分规的用法
(a)针尖对齐;(b)用分规等分线段;(c)用分规截取长度

1.1.6 比例尺

比例尺是用来放大或缩小线段长度的尺子。有的比例尺做成三棱柱状,叫作三棱尺。三棱尺上刻有六种刻度,通常分别表示为 1∶100、1∶200、1∶300、1∶400、1∶500、1∶600。有的做成直尺形状(图 1-9),它只有一行刻度和三行数字,表示三种比例,即 1∶100、1∶200、1∶500。比例尺上的数字以米(m)为单位。现以比例直尺为例,说明它的用法。

(1)用比例尺量取图上线段长度。如已知图的比例为 1∶200,要知道图上线段 AB 的实长,就可以用比例尺上 1∶200 的刻度去量度(图 1-9)。将刻度上的零点对准 A 点,而 B 点恰好在刻度 4.2 m 处,则线段 AB 的长度可直接读得 4.2 m,即 4 200 mm。

(2)用比例尺上的 1∶200 的刻度量读比例是 1∶2、1∶20 和 1∶2 000 的线段长度。

例如,在图 1-9 中,AB 线段的比例如果改为 1∶2,由于比例尺 1∶200 刻度的单位长度比 1∶2 缩小了 100 倍,则 AB 线段的长度应读为 $4.2 \times (1/100) = 0.042$(m),同样,若比例改为 1∶2 000,则应读为 $4.2 \times 10 = 42$(m)。

上述量读方法见表 1-1。

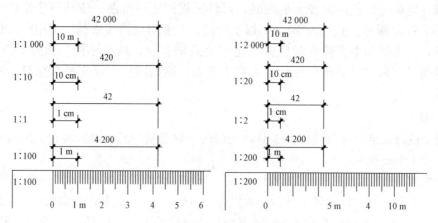

图 1-9 比例尺及其用法

表 1-1 量读方法

比 例		读 数
比例尺刻度	1∶200	15.2 m
图中线段比例	1∶2（分母后少两位零）	0.152 m（小数点前移两位）
	1∶20（分母后少一位零）	1.52 m（小数点前移一位）
	1∶2 000（分母后多一位零）	152 m（小数点后移一位）

（3）用 1∶500 的刻度量读 1∶250 的线段长度。由于 1∶500 刻度的单位长度比 1∶250 缩小了 2 倍，所以把 1∶500 的刻度作为 1∶250 用时，应把刻度上的单位长度放大 2 倍，即把 10 m 当作 5 m 用。

比例尺是用来量取尺寸的，不可用来画线。

1.1.7 绘图墨水笔

绘图墨水笔是过去用来描图的主要工具，现在用计算机绘图后已基本不用，但仍有学校作为学生练习在用，故在此简单介绍。绘图墨水笔的笔尖是一支细的针管，又名针管笔（图 1-10）。绘图墨水笔能像普通钢笔一样吸取墨水。笔尖的管径从 0.1 mm 到 1.2 mm 不等，有多种规格，可视线型粗细选用。使用时应注意保持笔尖清洁。

图 1-10 绘图墨水笔

1.1.8 建筑模板

建筑模板主要用来画各种建筑标准图例和常用符号，如柱、墙、门开启线、大便器、污水盆、详图索引符号、轴线圆圈等。模板上刻有可以画出各种不同图例或符号的孔（图 1-11），其大小已符合一定的比例，只要用笔沿孔内画一周即可。

图1-11 建筑模板

1.2 图幅、线型、字体及尺寸标注

1.2.1 图幅、图标及会签栏

图幅即图纸幅面,指图纸的大小规格。为了便于图纸的装订、查阅和保存,满足图纸现代化管理的要求,图纸的大小规格应力求统一。建筑工程图纸的幅面及图框尺寸应符合中华人民共和国国家标准《房屋建筑制图统一标准》(GB/T 50001—2017)(以下简称"《房屋建筑制图统一标准》")的规定,见表1-2。表中数字是裁边以后的尺寸,尺寸代号的意义如图1-12所示。

表1-2 幅面及图框尺寸   mm

幅面代号 尺寸代号	A0	A1	A2	A3	A4
$b×l$	841×1 189	594×841	420×594	297×420	210×297
c		10			5
a			25		

图幅分横式和立式两种。从表1-2中可知,A1号图幅是A0号图幅的对折,A2号图幅是A1号图幅的对折,其余类推,上一号图幅的短边,即是下一号图幅的长边。

图纸的标题栏(简称图标)和装订边的位置应按图1-12所示布置。

建筑工程专业所用的图纸应整齐统一,选用图幅时宜以一种规格为主,尽量避免大小图幅掺杂使用。一般不宜多于两种幅面,目录及表格所采用的A4幅面,可不在此限。

在特殊情况下,允许A0~A3号图幅按表1-3的规定加长图纸的长边,但图纸的短边不得加长。

图 1-12 图幅格式

(a)A0～A3 横式幅面(一)；(b)A0～A4 横式幅面(二)；(c)A0～A4 横式幅面(三)；
(d)A0～A4 立式幅面(一)；(e)A0～A4 立式幅面(二)；(f) A0～A2 立式幅面(三)

表 1-3 图纸长边加长尺寸

幅面代号	长边尺寸/mm	长边加长后尺寸/mm
A0	1 189	1 486(A0+1/4l) 1 783(A0+1/2l) 2 080(A0+3/4l) 2378(A0+l)
A1	841	1 051(A1+1/4l) 1 261(A1+1/2l) 1 471(A1+3/4l) 1 682(A1+l) 1 892(A1+5/4l) 2 102(A1+3/2l)
A2	594	743(A2+1/4l) 891(A2+1/2l) 1 041(A2+3/4l) 1 189(A2+l) 1 338(A2+5/4l) 1 486(A2+3/2l) 1 635(A2+7/4l) 1 783(A2+2l) 1 932(A2+9/4l) 2 080(A2+5/2l)
A3	420	630(A3+1/2l) 841(A3+1l) 1 051(A3+3/2l) 1 261(A3+2l) 1 471(A3+5/2l) 1 682(A3+3l) 1 892(A3+7/2l)

注：有特殊需要的图纸，可采用 $b\times l$ 为 841 mm×891 mm 与 1 189 mm×1 261 mm 的幅面。

应根据工程的需要选择确定标题栏、会签栏的尺寸、格式及分区。当采用图 1-12(a)、(b)、(c)、(d)布置时，标题栏应按图 1-13(a)、(b)所示布局；当采用图 1-12(c)、(f)布置时，标题栏、签字栏应按图 1-13(c)、(d)、(e)所示布局。

学生制图作业用标题栏推荐用如图 1-14 所示的格式。

图 1-13 标题栏(图标)
(a)标题栏(一)；(b)标题栏(二)

图 1-13　标题栏(图标)(续)

(c)标题栏(三)；(d)标题栏(四)；(e)会签栏

图 1-14　学生制图作业用标题栏推荐格式

1.2.2　线型

任何建筑图样都是用图线绘制成的，因此，熟悉图线的类型及用途，掌握各类图线的画法是建筑制图最基本的技能。

为了使图样清楚、明确，建筑制图采用的图线分为实线、虚线、单点长画线、双点长画线、折断线和波浪线六类，其中实线和虚线按宽度不同又分为粗、中粗、中、细四种，单点长画线和双点长画线按宽度不同分为粗、中、细三种，折断线和波浪线一般均为细线。各类图线的规格及用途见表1-4。

图线的宽度，宜从1.4、1.0、0.7、0.5、0.35、0.25、0.18、0.13(mm)线宽系列中选取。图线宽度不应小于0.1 mm。每个图样应根据复杂程度与比例大小，先选定基本线宽 b，再按表1-5确定相应的线宽组。在同一张图纸中，相同比例的各图样应选用相同的线宽组。虚线、单点长画线及双点长画线的线段长度和间隔，应根据图样的复杂程度和图线的长短来确定，但宜各自相等，表1-5中线段的长度和间隔尺寸可作参考。当图样较小，用单点长画线和双点长画线绘图有困难时，可用实线代替。

表1-4 图线

名称		线型	线宽	一般用途
实线	粗	——————	b	主要可见轮廓线
	中粗	——————	$0.7b$	可见轮廓线、变更云线
	中	——————	$0.5b$	可见轮廓线、尺寸线
	细	——————	$0.25b$	图例填充线、家具线
虚线	粗	- - - - - -	b	见各有关专业制图标准
	中粗	- - - - - -	$0.7b$	不可见轮廓线
	中	- - - - - -	$0.5b$	不可见轮廓线、图例线
	细	- - - - - -	$0.25b$	图例填充线、家具线
单点长画线	粗	—·—·—	b	见各有关专业制图标准
	中	—·—·—	$0.5b$	见各有关专业制图标准
	细	—·—·—	$0.25b$	中心线、对称线、轴线等
双点长画线	粗	—··—··—	b	见各有关专业制图标准
	中	—··—··—	$0.5b$	见各有关专业制图标准
	细	—··—··—	$0.25b$	假想轮廓线、成型前原始轮廓线
折断线		—/\—	$0.25b$	断开界线
波浪线		~~~~~	$0.25b$	断开界线

表 1-5 线宽组

线宽比	线宽组/mm			
b	1.4	1.0	0.7	0.5
$0.7b$	1.0	0.7	0.5	0.35
$0.5b$	0.7	0.5	0.35	0.25
$0.25b$	0.35	0.25	0.18	0.13

注：1. 需要缩微的图纸，不宜采用 0.18 mm 及更细的线宽。
  2. 同一张图纸内，各不同线宽中的细线，可统一采用较细的线宽组的细线。

图纸的图框线和标题栏线的宽度可按表 1-6 确定。

表 1-6 图框线、标题栏线的宽度

幅面代号	图框线宽度/mm	标题栏外框线、对中标志宽度/mm	标题栏分格线、幅面线宽度/mm
A0、A1	b	$0.5b$	$0.25b$
A2、A3、A4	b	$0.7b$	$0.35b$

此外，在绘制图线时还应注意以下几点：

(1) 单点长画线和双点长画线的首末两端应是线段，而不是点。单点长画线(双点长画线)与单点长画线(双点长画线)交接或单点长画线(双点长画线)与其他图线交接时，应是线段交接。

(2) 虚线与虚线交接或虚线与其他图线交接时，都应是线段交接。虚线为实线的延长线时，不得与实线连接。虚线的正确画法和错误画法，如图 1-15 所示。

(a)   (b)

图 1-15 虚线交接的画法
(a) 正确画法；(b) 错误画法

(3) 相互平行的图线，其间距不宜小于其中粗线宽度，且不宜小于 0.7 mm。

(4) 图线不得与文字、数字或符号重叠、混淆，在不可避免时，应首先保证文字等的清晰。

1.2.3 字体

图纸上书写的文字、数字或符号等，均应笔画清晰、字体端正、排列整齐；标点符号应清楚正确。如果字迹潦草，难以辨认，则容易发生误解，甚至造成工程事故。

图样及说明中的汉字应写成长仿宋体(矢量字体或黑体)，大标题、图册封面、地形图等的汉字，也可以写成其他字体(矢量字体或黑体)，但应易于辨认。汉字的简化写法，必须遵照国务院公布的《汉字简化方案》和有关规定。

1. 长仿宋字体

长仿宋字体是由宋体字演变而来的长方形字体，它的笔画匀称明快，书写方便，是工程图纸最常用的字体。写仿宋字(长仿宋体)的基本要求可概括为："行款整齐、结构匀称、横平竖直、粗细一致、起落顿笔、转折勾棱。"

长仿宋体字样如图1-16所示。

建筑设计结构施工设备水电暖风平立侧断剖切面总详标准草略正反迎背新旧大中小上下内外纵横垂直完整比例年月日说明共编号寸分吨斤厘毫甲乙丙丁戊己表庚辛红橙黄绿青蓝紫黑白方粗细硬软镇郊区域规划截道桥梁房屋绿化工业农业民用居住共厂址车间仓库无线电农机粮畜舍晒谷厂商业服务修理交通运输行政办宅宿舍公寓卧室厨房厕所贮藏浴室食堂饭厅冷饮公从餐馆百货店菜场邮局旅客站航空海港口码头长途汽车行李候机船检票学校实验室图书馆文化宫运动场体育比赛博物馆走廊过道盥洗楼梯层数壁橱基础底层墙踢脚阳台门散水沟窗格

图1-16 长仿宋体字样

(1)字体格式。为了使字写得大小一致、排列整齐，书写前应事先用铅笔淡淡地打好字格，然后再进行书写。字格高宽比例一般为3∶2。为了使字行清楚，行距应大于字距。通常字距约为字高的1/4，行距约为字高的1/3(图1-17)。

图1-17 字格

字的大小用字号来表示，字的号数即字的高度，长仿宋字体字的高度与宽度的关系见表1-7。

表1-7 长仿宋字体高宽关系   mm

字高	20	14	10	7	5	3.5
字宽	14	10	7	5	3.5	2.5

图纸中常用的为10、7、5三种字号。如需书写更大的字，其高度应按$\sqrt{2}$的比值递增。汉字的字高应不小于3.5 mm。

(2)字体笔画。长仿宋字体的笔画要横平竖直，注意起落。常用笔画的写法及特征如下：

横画基本要平，可略向上自然倾斜，运笔起落略顿一下笔，使尽端形成小三角，但应一笔完成。

竖画要铅直，笔画要刚劲有力，运笔同横画。

撇的起笔同竖画，但是随斜向逐渐变细，运笔由重到轻。

捺的运笔与撇相反，起笔轻而落笔重，终端稍顿笔再向右尖挑。

挑画是起笔重，落笔尖细如针。

点的位置不同，其写法也不同，多数的点是起笔轻而落笔重，形成上尖下圆的光滑形象。

竖钩的竖同竖画，但要挺直，稍顿后向左上尖挑。

横钩由两笔组成，横同横画，末笔应起重轻落，钩尖如针。

弯钩有竖弯钩、斜弯钩和包钩。竖弯钩起笔同竖画，由直转弯过渡要圆滑；斜弯钩的运笔由轻到重再到轻，转弯要圆滑；包钩由横画和竖钩组成，转折要勾棱，竖钩的竖画有时可向左略斜。

(3)字体结构。形成一个结构完善的字的关键是各个笔画的相互位置要正确，各部分的大小、长短、间隔要符合比例，上下左右要匀称，笔画疏密要合适。为此，书写时应注意如下几点：

1)撑格、满格和缩格。每个字最长笔画的棱角要顶到字格的边线。绝大多数的字，都应写满字格，以使单个字显得大方，使成行的字显得均匀整齐。然而，有一些字写满字格，就会显得肥硕，它们置身于均匀整齐的字列当中，将有损于行款的美观，这些字就必须缩格。如"口、日"两字四周都要缩格，"工、四"两字上下要缩格，"目、月"两字左右要略为缩格等。同时，须注意"口、日、内、同、曲、图"等带框的字下方应略为收分。

2)长短和间隔。字的笔画有繁简，如"翻"字和"山"字。字的笔画又有长短，如"非、曲、作、业"等字的两竖画左短右长，"土、于、夫"等字的两横画上短下长；又如"三""川"字第一笔长，第二笔短，第三笔最长。因此，必须熟悉字的长短变化，匀称地安排其间隔，这样字态才能清秀。

3)缀合比例。缀合字在汉字中所占比重甚大，对其缀合比例的分析研究，也是写好仿宋字的重要一环。缀合部分有对称或三等分的，如横向缀合的"明、林、辨、衍"等字，纵向缀合的"辈、昌、意、器"等字，偏旁、部首与其缀合部分约为1：2的如"制、程、筑、堡"等字。

横、竖是仿宋字中的骨干笔画，书写时必须挺直不弯，否则，就失去仿宋字挺拔刚劲的特征。横画要平直，但并非完全水平，而是沿运笔方向稍许上斜，这样字形不显死板，而且也适于手写的笔势。

仿宋字横、竖粗细一致，字形爽目。它区别于宋体的横画细、竖画粗，与楷体字笔画的粗细变化有致也不相同。

横画与竖画的起笔和收笔、撇的起笔、钩的转角等都要顿一下笔，形成小三角形，给人以锋颖挺劲的感觉。

2. 拉丁字母、阿拉伯数字及罗马数字

拉丁字母、阿拉伯数字及罗马数字的书写与排列等，应符合表1-8的规定。

表 1-8 拉丁字母、阿拉伯数字、罗马数字书写规则

书写格式		一般字体	窄字体
字母高	大写字母	h	h
	小写字母(上下均无延伸)	$7/10h$	$10/14h$
小写字母伸出的头部或尾部		$3/10h$	$4/14h$
笔画宽度		$1/10h$	$1/14h$
间隔	字母间距	$2/10h$	$2/14h$
	上下行基准线的最小间距	$15/10h$	$21/14h$
	词间距	$6/10h$	$6/14h$

注：1. 小写拉丁字母 a、c、m、n 等上下均无延伸，j 上下均有延伸；
　　2. 字母的间距，如需排列紧凑，可按表中字母的最小间距减少一半。

拉丁字母、阿拉伯数字既可以直写，也可以斜写。斜体字的斜度是从字的底线逆时针向上倾斜75°，字的高度与宽度应与相应的直体字相等。当数字与汉字同行书写时，其大小应比汉字小一号，并宜写直体。拉丁字母、阿拉伯数字及罗马数字的字高，应不小于2.5 mm。拉丁字母、阿拉伯数字及罗马数字分一般字体和窄体字，其运笔顺序和字例如图 1-18 所示。

图 1-18　运笔顺序

字体书写练习要持之以恒，做到多看、多摹、多写，只要严格认真、反复刻苦地练习，自然熟能生巧。

1.2.4　尺寸标注

在建筑施工图中，图形只能表达建筑物的形状，建筑物各部分的大小还必须通过标注尺寸才能确定。房屋施工和构件制作都必须根据尺寸进行，因此，尺寸标注是制图的一项重要工作，必须认真细致，准确无误。如果尺寸有遗漏或错误，必将给施工造成困难和损失。

标注尺寸时，应力求做到正确、完整、清晰、合理。

1. 尺寸的组成

建筑图样上的尺寸一般由尺寸界线、尺寸线、尺寸起止符号和尺寸数字四部分组成，如图 1-19 所示。

(1)尺寸界线是控制所注尺寸范围的线,应用细实线绘制,一般应与被注长度垂直;其一端应离开图样轮廓线不小于 2 mm,另一端宜超出尺寸线 2~3 mm。必要时,图样的轮廓线可用作尺寸界线(图 1-20)。

图 1-19 尺寸的组成和平行排列的尺寸

图 1-20 轮廓线用作尺寸界线

(2)尺寸线是用来注写尺寸的,必须用细实线单独绘制。其应与被注长度平行,且不宜超出尺寸界线。图样本身的任何图线均不得用作尺寸线。

(3)尺寸起止符号一般应用中粗斜短线绘制,其倾斜方向应与尺寸界线顺时针成 45°角,长度宜为 2~3 mm。半径、直径、角度和弧长的尺寸起止符号,宜用箭头表示(图 1-21)。

(4)建筑图样上的尺寸数字是建筑施工的主要依据,建筑物各部分的真实大小应以图样上所注写的尺寸数字为准,不得从图上直接量取。图样上的尺寸单位,除标高及总平面图以 m 为单位外,均必须以 mm 为单位,图中无须注写计量单位的代号或名称。本书正文和图中的尺寸数字以及习题集中的尺寸数字,除有特别注明外,均须遵从上述规定。

尺寸数字的标注方向应按图 1-22(a)规定的方向注写,尽量避免在图中所示的 30°范围内标注尺寸,当实在无法避免时,宜按图 1-22(b)的形式注写。

图 1-21 箭头的画法　　　　图 1-22 尺寸数字标注方向

尺寸数字应依据其读数方向注写在靠近尺寸线的上方中部,如没有足够的注写位置,最外边的尺寸数字可注写在尺寸界线外侧,中间相邻的尺寸数字可错开注写,也可引出注写,如图 1-23 所示。

图线不得穿过尺寸数字,在不可避免时,应将尺寸数字处的图线断开(图 1-24)。

图 1-23 尺寸数字的注写位置　　　　图 1-24 尺寸数字处图线应断开

2. 常用尺寸的排列、布置及注写方法

尺寸宜标注在图样轮廓线以外，不宜与图线、文字及符号等相交。相互平行的尺寸线，应从被注的图样轮廓线由近向远整齐排列，小尺寸应离轮廓线较近，大尺寸应离轮廓线较远。图样轮廓线以外的尺寸线，距图样最外轮廓线之间的距离，不宜小于 10 mm。平行尺寸线的间距，宜为 7～10 mm，并应保持一致，如图 1-19 所示。

总尺寸的尺寸界线，应靠近所指部位，中间的分尺寸的尺寸界线可稍短，但其长度应相等（图 1-19）。半径、直径、球、角度、弧长、薄板厚度、坡度以及非圆曲线等常用尺寸的标注方法见表 1-9。

表 1-9 常用尺寸标注方法

标注内容	图例	说明
角度	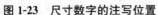	尺寸线应画成圆弧，圆心是角的顶点，角的两边为尺寸线。角度的起止符号应以箭头表示，如没有足够的位置画箭头，可以用圆点代替。角度数字应水平方向书写
圆和圆弧		标注圆或圆弧的直径、半径时，尺寸数字前应分别加符号"φ""R"，尺寸线及尺寸界线应按图例绘制
大圆弧		较大圆弧的半径可按图例形式标注
球面		标注球的直径、半径时，应分别在尺寸数字前加注符号"Sφ""SR"，注写方法与圆和圆弧的直径、半径的尺寸标注方法相同

续表

标注内容	图例	说明
薄板厚度		在薄板板面标注板厚尺寸时，应在厚度数字前加厚度符号"t"
正方形		在正方形的侧面标注该正方形的尺寸，除可用"边长×边长"外，也可以边长数字前加正方形符号"□"
坡		标注坡度时，在坡度数字下，应加注坡度符号，坡度符号的箭头，一般应指向下坡方向，坡度也可用直角三角形的形式标注
小圆和小圆弧		小圆的直径和小圆弧的半径可按图例形式标注
弧长和弦长		尺寸界线应垂直于该圆弧的弦。标注弧长时，尺寸线应以与该圆弧同心的圆弧线表示，起止符号应用箭头表示，尺寸数字上方应加注圆弧符号。标注弧长时，尺寸线应以平行于该弦的直线表示，起止符号用中粗斜线表示
构件外形为非圆曲线		用坐标形式标注尺寸

续表

标注内容	图例	说明
复杂的图形	(100×8=800, 100×12=1 200)	用网格形式标注尺寸

3. 尺寸的简化标注

(1)杆件或管线的长度,在单线图(桁架简图、钢筋简图、管线图等)上,可直接将尺寸数字沿杆件或管线的一侧注写(图1-25)。

图1-25 单线图尺寸标注方法

(2)连续排列的等长尺寸,可用"个数×等长尺寸=总长"的形式标注(图1-26)。

(3)构配件内的构造要素(如孔、槽等)如相同,可仅标注其中一个要素的尺寸(图1-27)。

图1-26 等长尺寸简化标注方法　　图1-27 相同要素尺寸标注方法

(4)对称构配件采用对称省略画法时,该对称构配件的尺寸线应略超过对称符号,仅在尺寸线的一端画尺寸起止符号,尺寸数字应按整体全尺寸注写,其注写位置宜与对称符号对直(图1-28)。

(5)两个构配件,如仅个别尺寸数字不同,可在同一图样中将其中一个构配件的不同尺寸数字注写在括号内,同时,该构配件的名称也应注写在相应的括号内(图1-29)。

(6)数个构配件,如仅某些尺寸不同,这些有变化的尺寸数字,可用拉丁字母注写在同一个图样中,另列表格写明其具体尺寸(图1-30)。

图 1-28 对称构件尺寸数字标注方法　　　图 1-29 相似构件尺寸数字标注方法

构件编号	a	b	c
Z-1	200	200	200
Z-2	250	450	200
Z-3	200	450	250

图 1-30 相似构配件尺寸表格式标注方法

4. 标高的注法

标高分为绝对标高和相对标高。我国以青岛市外黄海海面为 ±0.000 的标高为绝对标高，如世界最高峰珠穆朗玛峰的高度为 8844.43 m（中国国家测绘局 2005 年测定）即为绝对标高。而以某一建筑底层室内地坪为 ±0.000 的标高称为相对标高，如上海浦东 88 层的金茂大厦高 420 m 即为相对标高。

建筑图样中除总平面图上标注绝对标高外，其余图样上的标高都为相对标高。

标高符号，除总平面图室外地坪标高宜用全部涂黑的三角形外，其他图面一律用图 1-31 所示符号。

图 1-31 标高符号及其标注

标高符号的图形为等腰直角三角形,方向可正置或倒置,高 3 mm 左右,三角形尖部所指位置即为标高位置,其水平线的长度,根据标高数字长短定。标高数字以 m 为单位,总平面图上注至小数点后 2 位数,而其他任何图上标注至小数点后 3 位数。如零点标高注成±0.000,正数标高数字前一律不加正号,如 3.000、2.700、0.900,负数标高数字前必须加注负号,如-0.020,-0.450。

在剖面图及立面图中,标高符号的尖端,根据所指位置,可向上指,也可向下指,如同时表示几个不同的标高时,可在同一位置重叠标注,标高符号及其标注如图 1-31 所示。

1.3 建筑制图的一般步骤

制图工作应当有步骤地循序进行。为了提高绘图效率,保证图纸质量,必须掌握正确的绘图程序和方法,并养成认真、负责、仔细、耐心的良好习惯。

1.3.1 制图前的准备工作

制图前应做好下列几方面的准备工作:

(1)安放绘图桌或绘图板时,应使光线从图板的左前方射入;不宜对窗安置绘图桌,以免纸面反光而影响视力。应将备用的工具放在方便之处,以免妨碍制图工作。

(2)应擦干净全部绘图工具和仪器,削磨好铅笔及圆规上的铅芯。

(3)固定图纸:应将图纸的正面(有网状纹路的是反面)向上贴于图板上,并用丁字尺略略对齐,使图纸平整和绷紧。当图纸较小时,应将图纸布置在图板的左下方,但要使图纸的底边与图板下边的距离略大于丁字尺的宽度(图 1-32)。

(4)为保持图面整洁,画图前应洗手。

图 1-32 贴图纸

1.3.2 绘铅笔底稿图

铅笔细线底稿是一张图的基础,要认真、细心、准确地绘制。绘制时应注意以下几点:

(1)铅笔底稿图宜用削磨尖的 H 或 HB 铅笔绘制,底稿线要细而淡,绘图者自己看得出便可,故要经常磨尖铅芯。

(2)画图框、图标。首先画出水平和垂直基准线,在水平和垂直基准线上分别量取图框和图标的宽度和长度,再用丁字尺画图框、图标的水平线,然后用三角板配合丁字尺画图框、图标的垂直线。

(3)布图。预先估计各图形的大小及预留尺寸线的位置,将图形均匀、整齐地安排在图纸上,避免某部分太紧凑或某部分过于宽松。

(4)画图形。一般应先画轴线或中心线,再画图形的主要轮廓线,然后画细部;图形完成后,再画尺寸线、尺寸界线等。材料符号在底稿中只需画出一部分或不画,待加深或上墨线时再全部画出。对于需上墨线的底稿,在线条的交接处可画出头一些,以便清楚地辨别上墨线的起止位置。

1.3.3 铅笔加深的方法和步骤

在加深前,要认真校对底稿,修正错误和填补遗漏;底稿经查对无误后,擦去多余的线条和污垢。一般用 2B 铅笔加深粗线,用 B 铅笔加深中粗线,用 HB 铅笔加深细线、写字和画箭头。加深圆时,圆规的铅芯应比画直线的铅芯软一级。用铅笔加深图线时用力要均匀,边画边转动铅笔,使粗线均匀地分布在底稿线的两侧,如图 1-33 所示。加深时还应做到线型正确、粗细分明,图线与图线的连接要光滑、准确,图面要整洁。

图 1-33 加深的粗线与底稿线的关系

加深图线的一般步骤如下:
(1)加深所有的点画线;
(2)加深所有粗实线的曲线、圆及圆弧;
(3)用丁字尺从图的上方开始,依次向下加深所有水平方向的粗实直线;
(4)用三角板配合丁字尺从图的左方开始,依次向右加深所有铅垂方向的粗实直线;
(5)从图的左上方开始,依次加深所有倾斜的粗实线;
(6)按照加深粗实线的方法加深所有的虚线曲线、圆和圆弧,然后加深水平的、铅垂的和倾斜的虚线;
(7)按照加深粗线的方法加深所有的中实线;
(8)加深所有的细实线、折断线、波浪线等;
(9)画尺寸起止符号或箭头;
(10)加深图框、图标;
(11)注写尺寸数字、文字说明,并填写标题栏。

1.4 徒手绘图

徒手绘图用于画草图，是一种快速勾画图稿的技术。在日常生活和工作中用到徒手绘图的机会很多。工程上设计师构思一个建筑物或产品，工程师测绘一个工程物体，都会用到徒手画图的技能。即使是在计算机绘图技术发展的今天，要用计算机成图也需要先徒手勾画出图稿。由此可见徒手绘图是一项重要的绘图技术(图1-34)。

图1-34　徒手绘图

1.4.1 徒手绘图的含义

徒手绘图是指以目测估计图形与实物的比例，按一定的画法要求，徒手绘制的图。在设计开始阶段，由于技术方案要经过反复分析、比较、推敲才能最终确定。所以，为了节省时间，加快速度，往往以绘制草图表达构思结果；在仿制产品或修理机器时，经常要现场绘制草图；由于环境和条件的限制，缺少完备的绘图仪器和计算机时，为了尽快得到结果，一般先画草图，再画正规图；在参观、学习或交流、讨论时，有时也需要徒手绘制草图；此外，在进行表达方案讨论、确定布图方式时，往往需画出草图，以便进行具体比较。总之，草图的适用场合是非常广泛的。

1.4.2 徒手绘图的画法

徒手绘图时可以不固定图纸，也可以不使用尺子截量距离，画线靠徒手，定位靠目测。但是草图上也应做到线型明确、比例协调。不要误以为画草图就可以潦草从事。

徒手绘图的基本要求是快、准、好，即画图速度要快、目测比例要准、图面质量要好，草图中的线条要粗细分明，基本平直，方向正确。初学徒手绘图时，应在方格纸上进行，以便训练将图线画得平直和借助方格纸线确定图形的比例。徒手绘图所使用铅笔的铅芯应磨成圆锥形，画中心线和尺寸线时，铅芯应磨得较尖；画可见轮廓线时的铅芯应磨得较钝。

一个物体的图形无论多么复杂，都是由直线、圆、圆弧或曲线组成的。因此，要画好草图，必须掌握徒手绘制各种线条的方法。

1. 直线的画法

徒手绘图时，用HB铅笔，手指应握在距铅笔笔尖约35 mm处，手腕悬空，小手指轻触纸面。在画直线时，先定出直线的两个端点，然后执笔悬空，沿直线方向先比划一下，掌握好方向和走势后再落笔画线(图1-35)。画线时手腕不要转动,使铅笔所画的线始终保持约90°,眼睛看着画线的终点,轻轻移动手腕和手臂,使笔尖向着要画的方向做近似的直线运动。画长斜线时,为了运笔方便,可以将图纸旋转到适当的角度,使它转到水平线位置来画。

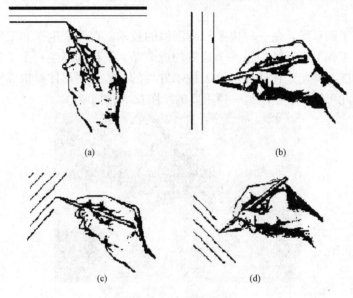

图1-35 直线的画法
(a)移动手腕自左向右画水平线;(b)移动手腕自上向下画垂直线;
(c)倾斜线画法(一);(d)倾斜线画法(二)

2. 圆及圆角的画法

画圆时,应过圆心先画中心线,再根据半径大小目测在中心线上定出4个点,然后过这4个点画圆;当圆的直径较大时,可过圆心增画两条45°的斜线,在线上再定4个点,然后过这8个点画圆;当圆的直径很大时,可取一纸片标出半径长度,利用它从圆心出发定出许多圆上的点,然后通过这些点画圆(图1-36)。或者,用手作圆规,以小手指的指尖或关节作圆心,使铅笔与它的距离等于所需的半径,用另一只手小心地慢慢转动图纸,即可得到所需的圆。

画圆角时,先目测在分角线上选取圆心位置,使它与角的两边的距离等于圆角的半径大小。过圆心向两边引垂直线定出圆弧的起点和终点,并在分角线上也定出一个圆周点,然后徒手画圆弧把这3点连接起来。

图1-36 圆的画法

3. 椭圆的画法

椭圆的画法和圆的画法差不多,也是先画十字,标记出长短轴的记号。不同的是画椭圆时先通过这 4 个记号画出一个矩形，然后再画出相切的椭圆来(图 1-37)。

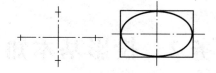

图 1-37　椭圆的画法

复习思考题

1. 写出下列幅面代号所对应图纸的尺寸(表 1-10)。

表 1-10　图线

A0	
A1	
A2	
A3	
A4	

2. 图框线的宽度为＿＿＿＿，A0 和 A1 号图的标题栏外框线宽度为＿＿＿＿，A2、A3、A4 号图的标题栏外框线宽度为＿＿＿＿。

3. 虚线的实线段长度为＿＿＿＿，间隔为＿＿＿＿，单点长画线的实线段长度为＿＿＿＿，间隔为＿＿＿＿。

4. 圈出图 1-38 中线线相交的错误之处。

(a)

(b)

图 1-38　习题 4 图

5. 工程字常用字体为＿＿＿＿。

6. 尺寸由＿＿＿＿、＿＿＿＿、＿＿＿＿和＿＿＿＿组成。

7. 徒手绘制水平线、垂直线和圆。

任务 2　投影基本知识

投影的基本知识

学习要点

在进行生产建设和科学研究时，为了表达空间形体和解决空间几何问题，经常要借助图纸，而投影原理则为图示空间形体和图解空间几何问题提供了理论和方法支撑。点、直线和平面是组成空间形体的基本几何元素，本任务主要介绍投影的基本概念和点、线、面的三面投影以及它们之间的相对位置关系。

2.1　投影概述

2.1.1　投影的概念

日常生活中，经常能观察到投影现象。在日光或者灯光等光源的照射下，空间物体在地面或墙壁等平面上会产生影子。随着光线照射的角度和距离的变化，其影子的位置和形状也会随之改变。影子能反映物体的轮廓形态，但不一定能准确地反映其大小尺寸。人们从这些现象中总结出一定的内在联系和规律，作为制图的方法和理论根据，即投影原理。

如图 2-1 所示，光源 S 是所有投射线的起源点，称为投影中心；空间物体称为形体；从光源 S 发射出来且通过形体上各点的光线，称为投射线；接受影像的地面 H 称为投影面；投射线(如 SA)与投影面的交点(如 a)称为点的投影。这种利用光源→形体→影像的原理绘制出物体图样的方法，称为投影法。通过投影法所得到的图形，称为投影或投影图（注：空间形体以大写字母表示，其投影则以相应的小写字母表示）。

图 2-1　投影法

在工程中，常用各种投影法来绘制图样，从而在一张只有长度和宽度的图纸上表达出三维空间里形体的长度、高度和宽度（或厚度）等尺寸，借以准确全面地表达出形体的形状和大小。

通过上述投影的形成过程可以知道，产生投影必须具备三个基本条件：投射线（光线）；投影面；空间几何元素（包括点、线、面等）或形体。

2.1.2 投影法分类

根据投影中心（S）与投影面的距离，投影法可分为中心投影法和平行投影法两类。

1. 中心投影法

当投影中心（S）与投影面的距离有限时，投射线相交于投影中心，这种投影法称为中心投影法，如图 2-2 所示。用中心投影法得到的投影称为中心投影。

物体的中心投影不能反映其真实形状和大小，故绘制工程图纸时不采用此种投影法。

2. 平行投影法

当投影中心距投影面无穷远时，投射线可视为互相平行，这种投影法称为平行投影法，如图 2-3 所示。投射线的方向称为投射方向，用平行投影法得到的投影称为平行投影。

图 2-2 中心投影法

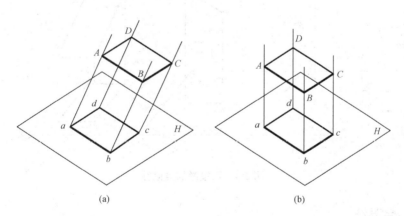

图 2-3 平行投影法
(a)斜投影；(b)正投影

根据互相平行的投射线与投影面的夹角不同，平行投影法又分为斜投影法和正投影法。

(1)斜投影法。投射线与投影面倾斜的平行投影法称为斜投影法，用斜投影法得到的投影称为斜投影，如图 2-3(a)所示。

(2)正投影法。投射线与投影面垂直的平行投影法称为正投影法，用正投影法得到的投影称为正投影，如图 2-3(b)所示。一般工程图纸都是按正投影的原理绘制的，为叙述方便起见，如无特殊说明，以后书中所指"投影"即为"正投影"。

2.2 正投影的特征

点、线、面是构成各种形体的基本几何元素,它们是不能脱离形体而孤立存在的。点的运动轨迹构成了线,线(直线或曲线)的运动轨迹构成了面,面(平面或曲面)的运动轨迹构成了体。研究点、线、面的正投影特征,有助于认识形体的投影本质,掌握形体的投影规律。

2.2.1 类似性

点的投影在任何情况下都是点,如图 2-4(a)所示。

直线的投影在一般情况下仍是直线。当直线倾斜于投影面时,如图 2-4(b)中所示直线 AB,其投影 ab 长度小于实长。

平面的投影在一般情况下仍是平面。当平面图形倾斜于投影面时,如图 2-4(c)所示平面 ABCD 倾斜于投影面 H,其投影 abcd 小于实形且与实形类似。

这种情况下,直线和平面的投影不能反映实长或实形,其投影形状是空间形体的类似形,因而把投影的这种特征称为类似性。所谓类似形,是指投影与原空间平面的形状类似,即边数不变、平行不变、曲直不变、凹凸不变,但不是原平面图形。

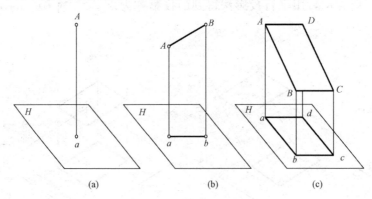

图 2-4 正投影的类似性

2.2.2 全等性

当空间直线 AB 平行于投影面 H 时,其投影 ab 反映实长,即 ab=AB,如图 2-5(a)所示。

平面四边形 ABCD 平行于投影面 H 时,其投影 abcd 反映实形,即 □abcd≌□ABCD,如图 2-5(b)所示。

2.2.3 积聚性

当空间直线 AB(或 AC)平行于投射线,即垂直于投影面 H 时,其投影积聚成一点。属于直线上任一点的投影也积聚在该点上,如图 2-6(a)所示。

当平面四边形 ABCD 垂直于投影面 H 时,其投影积聚成一条直线 ad。平面上任一点

（如点 E）、任一直线（如直线 AE）、任一图形（如△AED）的投影也都积聚在该直线上，如图 2-6(b)所示。

图 2-5　正投影的全等性

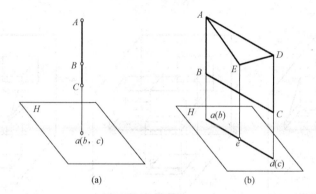

图 2-6　正投影的积聚性

2.3　三面投影图

2.3.1　三面投影图的形成

工程上绘制图样的方法主要是正投影法，所绘正投影图能反映对象的实际形状和大小尺寸，即度量性好，且作图简便，能够满足设计与施工的需要。但是仅作一个单面投影图来表达物体的形状是不够的，因为一个投影图仅能反映该形体某些面的形状，不能表现出形体的全部形状。如图 2-7 所示，四个形状不同的形体在投影面 H 上具有完全相同的正投影，单凭一个投影图来确定形体的空间形状，是不可能的。

对于较为复杂的形体，只向两个投影面作其投影时，其投影只能反映它两个面的形状和大小，并不能确定形体的唯一形状。如图 2-8 所示的三个形体，它们的 H 面、V 面投影完全相同，要凭这两面的投影来区分它们的空间形状，是不可行的，但加上 W 面投影后就可以很容易把这三个形体区别开来。可见，若仅用正投影图来确定物体的形状，就必须采用多面正投影的方法。

设立三个互相垂直的平面作为投影面,组成三面投影体系。如图2-9(a)所示,这三个互相垂直的投影面分别为:水平投影面,用字母 H 表示,简称水平面或 H 面;正立投影面,用字母 V 表示,简称正立面或 V 面;侧立投影面,用字母 W 表示,简称侧立面或 W 面。三个投影面两两相交构成的三条轴称为投影轴,H 面与 V 面的交线为 OX 轴,H 面与 W 面的交线为 OY 轴,W 面与 V 面的交线为 OZ 轴,三条轴也互相垂直,并相交于原点 O。

图2-7 形体的单面投影图

图2-8 形体的两面投影图

图2-9 三面投影体系及三面投影图的形成

将形体放在投影面之间,并分别向三个投影面进行投影,就能得到该形体在三个投影面上的投影图。从上向下投影,在 H 面上得到水平投影图;从前向后投影,在 V 面得到正面投影图;从左向右投影,在 W 面上得到侧面投影图。将这三个投影图结合起来观察,就能准确地反映出该形体的形状和大小,如图 2-9(b)所示。

2.3.2 三面投影图的展开

为了把形体的三个不共面(相互垂直)的投影绘制在一张平面图纸上,需将三个投影面展开,使其共面。假设 V 面保持不动,将 H 面绕 OX 轴向下旋转 90°,将 W 面绕 OZ 轴向右后旋转 90°,如图 2-10(a)所示,则三个投影面就展开到一个平面内。

形体的三个投影在一张平面图纸上画出来后所得到的图形称为形体的三面正投影图,简称投影图,如图 2-10(b)所示。三面投影图展开后,三条轴就成了两条互相垂直的直线,原来的 OX 轴、OZ 轴的位置不变。OY 轴则分为两条,一条随 H 面旋转到 OZ 轴的正下方,成为 Y_H 轴;一条随 W 面旋转到 OX 轴的正右方,成为 Y_W 轴。

实际绘制投影图时,没有必要画出投影面的边框,也无须注写 H、V、W 字样。三面投影图与投影轴之间的距离,反映出形体与三个投影面的距离,与形体本身的形状无关。因此,作图时也不必画出投影轴,习惯上将这种不画投影面边框和投影轴的投影图称为"无轴投影"。工程中的图纸均是按照"无轴投影"绘制的,如图 2-10(c)所示。

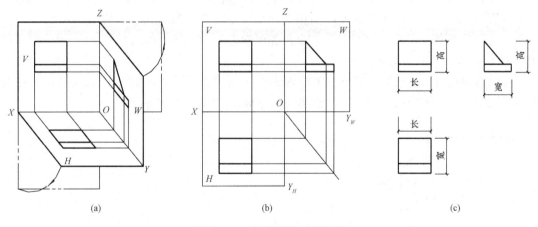

图 2-10 三面投影体系的展开

2.3.3 三面投影图的基本规律

从形体三面投影图的形成和展开的过程可以看出,形体的三面投影之间有一定的投影关系。其中,物体的 X 轴方向尺寸称为长度,Y 轴方向尺寸称为宽度,Z 轴方向尺寸称为高度。

水平投影反映出形体长和宽的尺寸,正面投影反映出形体长和高的尺寸,侧面投影反映出形体宽和高的尺寸。从上述分析可以看出:水平投影和正面投影在 X 轴方向都反映出形体的长度,且它们的位置左右应该对正,简称"长对正";正面投影和侧面投影在 Z 轴方向都反映出形体的高度,且它们的位置上下是对齐的,简称"高平齐";水平投影和侧面投影在 Y 轴方向都反映出形体的宽度,且这两个尺寸一定相等,简称"宽相等",如图 2-10(c)

所示。因此，形体三面投影图三个投影之间的基本关系可以归结为"长对正、高平齐、宽相等"，简称"三等关系"，是工程项目画图和读图的基础。

三面投影图还可以反映形体的空间方位关系。水平投影反映出形体前后、左右方位关系，正面投影反映出形体的上下、左右方位关系，侧面投影反映出形体的上下、前后方位关系。

2.4 点的投影

2.4.1 点的三面投影

点是构成形体的最基本元素，点只有空间位置而无大小。

点的投影

1. 点的三面投影的形成

把空间点 A 放置在三面投影体系中，过点 A 分别作垂直于 H 面、V 面、W 面的投射线，投射线与 H 面的交点 a 称为点 A 的水平投影（H 投影）；投射线与 V 面的交点 a' 称为点 A 的正面投影（V 投影）；投射线与 W 面的交点 a'' 称为点 A 的侧面投影（W 投影）。

投影的表示方法约定：空间点用大写字母表示（如 A），其在 H 面上的投影用相应的小写字母表示（如 a），在 V 面上的投影用相应的小写字母并在右上角加一撇表示（如 a'），在 W 面上的投影用相应的小写字母并在右上角加两撇表示（如 a''）。如图 2-11(a)所示，空间点 A 的 H 面、V 面、W 面投影分别为 a、a'、a''。

按前述规定将三个投影面展开，就能得到点 A 的三面投影图，如图 2-11(b)所示。在点的投影图中一般只画出投影轴，不画投影面的边框，如图 2-11(c)所示。

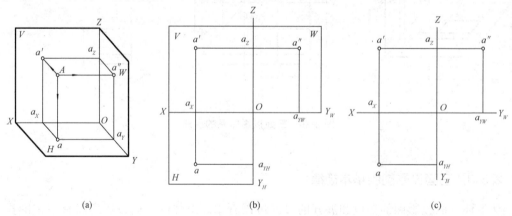

图 2-11 点的三面投影

2. 点的投影规律

由图 2-11(a)可以看出，过空间点 A 的两条投影线 Aa 和 Aa' 所构成的矩形平面 Aaa_Xa'，与 V 面和 H 面互相垂直并相交，交线 aa_X 和 $a'a_X$ 与 OX 轴必然互相垂直且相交于一点 a_X，OX 轴垂直于平面 Aaa_Xa'。而 aa_X 和 $a'a_X$ 是互相垂直的两条直线，当 V 面不动，将 H 面绕 OX 轴旋转 90°至与 V 面成为同一平面时，aa_X 和 $a'a_X$ 就成为一条垂直于 OX 轴的直线，

a'、a_X、a 三点共线，即 $aa' \perp OX$，如图 2-11(b)所示。同理可证，$a'a'' \perp OZ$。a_Y 在投影面展平之后，被分为 a_{YH} 和 a_{YW} 两个点，所以 $aa_{YH} \perp OY_H$，$a''a_{YW} \perp OY_W$。

通过以上分析，可以得出点的投影规律如下：

(1)点的投影的连线垂直于相应的投影轴。

1)点的 V 面投影和 H 面投影的连线垂直于 X 轴，即 $aa' \perp OX$。

2)点的 V 面投影和 W 面投影的连线垂直于 Z 轴，即 $a'a'' \perp OZ$。

3)$aa_{YH} \perp OY_H$，$a''a_{YW} \perp OY_W$，$aa_{YH} = a''a_{YW}$。

这三项正投影规律，即"长对正、高平齐、宽相等"的三等关系。

(2)点的投影到各投影轴的距离，分别代表点到相应的投影面的距离。

1)$a'a_X = a''a_{YW} = Aa$，即点的 V 面投影到 OX 轴的距离等于点的 W 面投影到 OY_W 轴的距离，等于空间点 A 到 H 面的距离。

2)$aa_X = a''a_Z = Aa'$，即点的 H 面投影到 OX 轴的距离等于点的 W 面投影到 OZ 轴的距离，等于空间点 A 到 V 面的距离。

3)$a'a_Z = aa_{YH} = Aa''$，即点的 V 面投影到 OZ 轴的距离等于点的 H 面投影到 OY_H 轴的距离，等于空间点 A 到 W 面的距离。

3. 求点的第三投影

根据上述投影特性可得出：在点的三面投影图中，每两个投影都具有一定的联系性。因此，只要给出一点的任意两个投影，就可求出其第三个投影，并且确定点的空间位置。

如图 2-12(a)所示，已知点 A 的水平投影 a 和正面投影 a'，则可求出其侧面投影 a''。

(1)过 a' 引 OZ 轴的垂线 $a'a_Z$，所求 a'' 必在该线延长线上，如图 2-12(b)所示。

(2)在 $a'a_Z$ 的延长线上截取 $a''a_Z = aa_X$，a'' 即为所求，如图 2-12(c)所示。

(3)以原点 O 为圆心，以 aa_X 为半径作弧找到与 OY_W 轴的交点，过此点作 OY_W 轴垂线交 $a'a_Z$ 于一点，此点即为 a''，如图 2-12(d)所示。

(4)也可过 a 引 OY_H 轴的垂线 aa_{YH}，再过 a_{YH} 作与 OY_H 轴夹角 45°的辅助线，过交点作垂线向上交 $a'a_Z$ 于一点，此点即为 a''，如图 2-12(e)所示。

(5)还可以过原点 O 作 45°辅助线，过 a 引 OY_H 轴的垂线并延长交辅助线于一点，过此点作 OY_W 轴垂线交 $a'a_Z$ 于一点，此点即为 a''，如图 2-12(f)所示。

4. 特殊位置点的投影

(1)投影面上的点：如空间点位于投影面上，点到该投影面的距离为零(空间点和该面投影重合)，点在另外两个面的投影则位于投影轴上。反之，空间点的三个投影中如有两个投影位于投影轴上，该空间点必定位于某一投影面上。

如图 2-13 所示，点 A 位于 H 面上，则点 A 到 H 面的距离为零。其 H 面投影 a 与点 A 重合，V 面投影 a' 在 OX 轴上，W 面投影 a'' 在 OY_W 轴上。同理可得出位于 V 面的点 B 和位于 W 面的 C 点的投影。

(2)投影轴上的点：如空间点位于投影轴上，点到两个投影面的距离都为零(空间点和两个面投影重合，且位于投影轴上)，点的另外一个投影则与原点 O 重合。反之，空间点的三个投影中如有两个投影重合且位于投影轴上，则该空间点必定位于某一投影轴上。

如图 2-14 所示，点 D 位于 X 轴上，则 D 点到 H 面、V 面的距离均为零。其 H 面投影 d、V 面投影 d' 都与点 D 重合，W 面投影 d'' 与原点 O 重合。同理可得出位于 Y 轴的点 E 和位于 Z 轴的点 F 的投影。

图 2-12 求点的第三个投影

图 2-13 投影面上的点

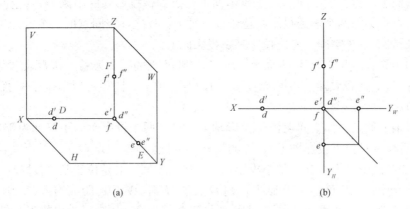

图 2-14 投影轴上的点

2.4.2 两点的相对位置

1. 两点的相对位置关系

两点的相对位置是指以其中一个点为基准,来判断两点的前后、左右、上下位置关系。

空间两点的相对位置可以根据它们的同面投影来确定,每个投影图可以反映四个方位:H 面投影反映它们的左右、前后关系,V 面投影反映它们的上下、左右关系,W 面投影反映它们的上下、前后关系,如图 2-15(a)所示。

若建立直角坐标系,空间两点的相对位置还可以根据其坐标关系来确定。将三面投影体系中的三个投影面看作是直角坐标系中的三个坐标面,则三条投影轴相当于坐标轴,原点相当于坐标原点。因而一点的空间位置可用其直角坐标表示为 (X, Y, Z),X 坐标反映空间点到 W 面的距离,Y 坐标反映空间点到 V 面的距离,Z 坐标反映空间点到 H 面的距离。

这样,两点的相对位置就可通过坐标值的大小来进行判断:X 坐标大者在左,小者在右;Y 坐标大者在前,小者在后;Z 坐标大者在上,小者在下。如图 2-15(b)所示,$X_A > X_B$,表示点 A 在点 B 之左;$Y_A > Y_B$,表示点 A 在点 B 之前;$Z_A > Z_B$,表示点 A 在点 B 之上,即点 A 在点 B 的左、前、上方。

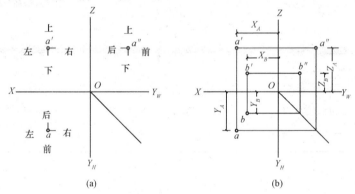

图 2-15 两点的相对位置关系

2. 重影点

当空间两点位于某投影面的同一投射线上,则这两点在该投影面上的投影就重合在一起。这种在某一投影面的投影重合的两个空间点,称为该投影面的重影点,重合的投影称为重影。

在表 2-1 中,当点 A 位于点 B 的正上方时,即它们在同一条垂直于 H 面的投射线上,其 H 面投影 a 和 b 重合,A、B 两点是 H 面的重影点,它们的 X、Y 坐标相同,Z 坐标不同。由于点 A 在上,点 B 在下,向 H 面投影时,投射线先遇点 A,后遇点 B,所以点 A 的投影 a 可见,点 B 的投影 b 不可见。为了区别重影点的可见性,将不可见点的投影用字母加括号表示,如重影点 $a(b)$。

同理,当点 C 位于点 D 的正前方时,其 V 面投影 c' 和 d' 重合,C、D 两点是 V 面的重影点,它们的 X、Z 坐标相同,Y 坐标不同。由于点 C 在前,点 D 在后,所以点 C 的投影 c' 可见,点 D 的投影 d' 不可见,重合的投影标记为 $c'(d')$。

当点 E 位于点 F 的正左方时，其 W 面投影 e'' 和 f'' 重合，E、F 两点是 W 面的重影点，它们的 Y、Z 坐标相同，X 坐标不同。由于点 E 在左，点 F 在右，所以点 E 的投影 e'' 可见，点 F 的投影 f'' 不可见，重合的投影标记为 $e''(f'')$。

表 2-1 投影面的重影点

名称	直观图	投影图	投影特性
水平面的重影点			1. X、Y 坐标相同，Z 坐标不同； 2. 正面投影和侧面投影反映两点的上、下位置； 3. 水平投影重合为一点，上面一点可见，下面一点不可见
正立面的重影点			1. X、Z 坐标相同，Y 坐标不同； 2. 水平投影和侧面投影反映两点的前、后位置； 3. 正面投影重合为一点，前面一点可见，后面一点不可见
侧立面的重影点			1. Y、Z 坐标相同，X 坐标不同； 2. 水平投影和正面投影反映两点的左、右位置； 3. 侧面投影重合为一点，左面一点可见，右面一点不可见

2.5 直线的投影

直线的投影

点的运动轨迹构成了线，两点可以确定一条直线。直线在某一投影面上的投影是通过该直线上各点的投影线所形成的平面与该投影面的交线，直线的投影一般情况下仍是直线。

按照直线与三个投影面相对位置的不同，直线可分为倾斜、平行和垂直三种情况。倾斜于投影面的直线称为一般位置直线，简称一般直线，如图 2-16(a) 中所示的直线 AB；平行或垂直于投影面的直线称为特殊位置直线，简称特殊直线。如图 2-16(a) 所示，直线 CD 为投影面平行线，直线 EF 为投影面垂直线。

作某一直线的投影，只要作出属于直线的任意两点的三面投影，然后将两点的同面投影相连，即得直线的三面投影。如图 2-16(b) 所示，只要作出属于直线的点 $A(a, a', a'')$ 和点 $B(b, b', b'')$，将 ab、$a'b'$、$a''b''$ 连成直线即为直线 AB 的三面投影。

直线与投影面之间的夹角，称为直线的倾角。通常约定直线与 H 面、V 面、W 面的夹角分别用 α、β、γ 来表示。直线的投影特性反映为：

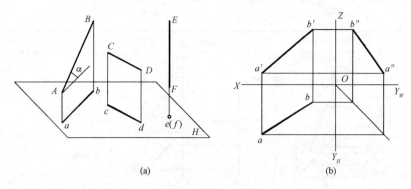

图 2-16 直线的投影

(1)当直线 AB 倾斜于投影面时,其投影小于实长(如 $ab=AB\cos\alpha$)。
(2)当直线 CD 平行于投影面时,其投影与直线本身平行且等长,即 $cd = CD$。
(3)当直线 EF 垂直于投影面时,其投影积聚为一点。

因此,直线的投影一般仍为直线,只有当直线垂直于投影面时,其投影才积聚为一点。以上直线的各投影特性对于投影面 V 和 W 也具有同样的性质。

2.5.1 特殊位置直线

1. 投影面平行线

平行于某一投影面且倾斜于另外两个投影面的直线称为投影面平行线。按照直线所平行的投影面的不同,可分为以下三种:

平行于 H 面且倾斜于 V、W 面的直线称为水平线,见表 2-2 中的直线 AB。
平行于 V 面且倾斜于 H、W 面的直线称为正平线,见表 2-2 中的直线 CD。
平行于 W 面且倾斜于 H、V 面的直线称为侧平线,见表 2-2 中的直线 EF。
它们的直观图、投影图和投影特性见表 2-2。

表 2-2 投影面平行线

名称	直观图	投影图	投影特性
水平线	(图)	(图)	1. $a'b'//OX$,$a''b''//OY_W$; 2. $ab=AB$; 3. ab 与投影轴的夹角反映 β、γ 实角
正平线	(图)	(图)	1. $cd//OX$,$c''d''//OZ$; 2. $c'd'=CD$; 3. $c'd'$ 与投影轴的夹角反映 α、γ 实角

续表

名称	直观图	投影图	投影特性
侧平线			1. $ef/\!/OY_H$，$e'f'/\!/OZ$； 2. $e''f''=EF$； 3. $e''f''$ 与投影轴的夹角反映 α、β 实角

以水平线 AB 为例，其投影特征如下：

由于直线 AB 平行于 H 面，同时又倾斜于 V、W 面，其 H 面投影 ab 与直线 AB 平行且相等，即 ab 反映直线的实长，$ab=AB$。H 面投影 ab 倾斜于 OX 轴、OY_H 轴，其与 OX 轴的夹角反映直线 AB 对 V 面的倾角 β 的实形，和 OY_H 轴的夹角反映直线 AB 对 W 面的倾角 γ 的实形。直线 AB 的 V 面投影 $a'b'$ 和 W 面投影 $a''b''$ 分别平行于 OX 轴和 OY_W 轴，且同时垂直于 OZ 轴。

同理可分析出正平线 CD 和侧平线 EF 的投影特征。

综合表 2-2 中水平线 AB、正平线 CD、侧平线 EF 的投影规律，可以归纳投影面平行线的投影特性如下：

(1) 投影面平行线在其所平行的投影面上的投影反映实长，且倾斜于投影轴，该投影与相应投影轴之间的夹角反映空间直线对另两个投影面的倾角。

(2) 其余两个投影分别平行于相应的投影轴，这两条投影轴正好组成空间直线所平行的投影面。

2. 投影面垂直线

垂直于一个投影面的直线，称为投影面垂直线。按照直线垂直于不同的投影面，可分为以下三种：

垂直于 H 面的直线称为铅垂线，见表 2-3 中的直线 AB；
垂直于 V 面的直线称为正垂线，见表 2-3 中的直线 CD；
垂直于 W 面的直线称为侧垂线，见表 2-3 中的直线 EF。

它们的直观图、投影图和投影特性见表 2-3。

表 2-3 投影面垂直线

名称	直观图	投影图	投影特性
铅垂线			1. ab 积聚成一点； 2. $a'b' \perp OX$，$a''b'' \perp OY_W$，$a'b'/\!/a''b''/\!/OZ$； 3. $a'b'=a''b''=AB$

续表

以铅垂线 AB 为例，其投影特征如下：

由于直线 AB 垂直于 H 面，所以必定平行于 V 面和 W 面，其 H 面投影积聚为一点 $a(b)$。V 面投影 $a'b'$ 垂直于 OX 轴，W 面投影 $a''b''$ 垂直于 OY_W 轴，且同时平行于 OZ 轴。V 面投影 $a'b'$ 和 W 面投影 $a''b''$ 均反映空间直线 AB 实长。

同理可分析出正垂线 CD 和侧垂线 EF 的投影特征。

综合表 2-3 中铅垂线 AB、正垂线 CD、侧垂线 EF 的投影规律，可以归纳投影面垂直线的投影特性如下：

(1) 直线在其所垂直的投影面上的投影积聚为一点。

(2) 直线的另外两个投影垂直于相应的投影轴，这两条投影轴正好组成空间直线所垂直的投影面，且两投影均反映直线的实长。

2.5.2 一般位置直线

1. 一般位置直线的投影特性

与 H、V、W 三个投影面均倾斜（既不平行又不垂直）的直线称为一般位置直线，简称一般直线。如图 2-17(a) 中 AB 就是一般位置直线，AB 与 H 面、V 面、W 面的倾角分别为 α、β、γ。图 2-17(b) 为一般位置直线 AB 的三面投影图，其投影特性如下：

(1) 一般直线在三个投影面上的投影均倾斜于投影轴。

(2) 各投影与投影轴的夹角不能反映直线 AB 对投影面的真实倾角。

(3) 各投影的长度均小于直线 AB 的实长，分别有：$ab=AB\cos\alpha$；$a'b'=AB\cos\beta$；$a''b''=AB\cos\gamma$（α、β、γ 在 $0°\sim90°$ 范围内）。

2. 一般位置直线的实长和倾角

由于一般位置直线对三个投影面的投影都是倾斜的，故三个投影均不反映该直线的实长及其对投影面的倾角。但可以根据直线的投影，用图解的方法来求解。下面用直角三角

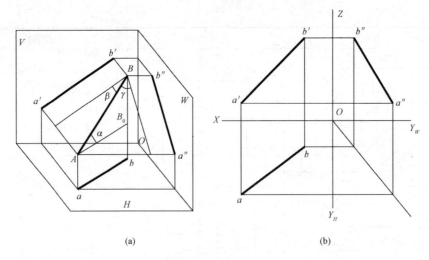

图 2-17 一般位置直线
(a)直观图;(b)投影图

形法来介绍一般位置直线实长及倾角的求法。

如图 2-18(a)所示,AB 为一般位置直线,在 AB 与其水平投影 ab 所决定的平面 ABba 内,过点 A 作 $AB_0 // ab$,与 Bb 相交于 B_0 点。由于 $Bb \perp ab$,所以 $AB_0 \perp BB_0$,$\triangle AB_0B$ 是直角三角形。$\triangle AB_0B$ 中有:斜边 AB 是实长(用 SC 来表示实长),$\angle BAB_0 = \alpha =$ 直线 AB 对 H 面的倾角,$AB_0 = ab =$ 直线的 H 面投影长度,$B_0B = Bb - Aa = Z_B - Z_A$(B、A 两点到 H 面的距离差)。因此,只要作出 $\triangle AB_0B$,便可求出一般位置直线 AB 的实长和对 H 面的倾角 α。

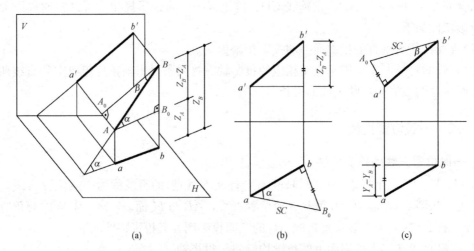

图 2-18 求一般位置直线 AB 的实长及倾角

同理,过点 B 作 $BA_0 // a'b'$,则 $\triangle AA_0B$ 也是直角三角形,也有:斜边仍是空间直线 AB,$\angle ABA_0 = \beta =$ 直线 AB 对 V 面的倾角,$BA_0 = a'b' =$ 直线的 V 面投影长度,$AA_0 = Y_A - Y_B$(A、B 两点到 V 面的距离差)。因此,只要作出 $\triangle AA_0B$,便可求出一般位置直线 AB 的实长和对 V 面的倾角 β。

根据上述方法,在投影图中以水平投影 ab 为一条直角边,然后过点 b(或点 a)引 ab 的垂线，并在该垂线上量取 $bB_0=Z_B-Z_A$，连接 aB_0，aB_0 的长即为直线 AB 的实长，aB_0 与 ab 的夹角（bB_0 边所对的角）便是 AB 对 H 面的倾角 α，如图 2-18(b) 所示。

以 $a'b'$ 为一条直角边，过点 a'（或点 b'）作 $a'b'$ 的垂线，在该垂线上量取 $a'A_0=Y_A-Y_B$，连接 A_0b'，A_0b' 的长即为直线 AB 的实长，A_0b' 与 $a'b'$ 的夹角便是直线 AB 对 V 面的倾角 β，如图 2-18(c) 所示。

综上所述，在投影图上求直线的实长和倾角的方法是：以直线在某个投影面上的投影为一条直角边，以直线的两端点到该投影面的距离差为另一条直角边作直角三角形，该直角三角形的斜边就是所求直线的实长，而此斜边与投影的夹角，就是该直线对该投影面的倾角。

以上求一般位置直线的实长和倾角的方法，称为直角三角形法。该直角三角形中包含了实长、距离差、投影和倾角四个参数，任知其中两个，即可作出一个直角三角形，从而便可求出其余两个参数。需要注意的是：距离差、投影、倾角三者是对同一投影面而言。

3. 属于直线的点

(1) 属于直线的点的投影特性。属于直线的点的投影必在该直线的同面投影上，且符合点的投影规律。

如图 2-19(a) 所示，直线 AB 的 H 面投影为 ab，若点 M 属于直线 AB，则过点 M 的投射线 Mm 必属于包含 AB 向 H 面所作的投射平面 $ABba$，因而 Mm 与 H 面的交点 m 必属于该投射平面与 H 面的交线 ab。同理可知点 m' 必属于 $a'b'$。

反之，如果点的各个投影均属于直线的各同面投影，且各投影符合点的投影规律，即投影连线垂直于相应的投影轴，则该点属于该直线。如图 2-19 中所示，点 M 属于直线 AB，而点 N 则不属于直线 AB。

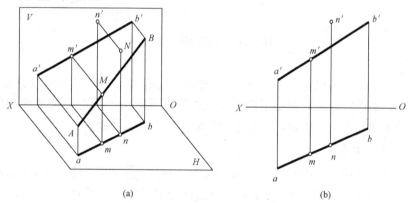

图 2-19 属于直线的点的投影

(2) 点分线段成定比。点分线段成某一比例，则该点的投影也分该线段的投影成相同的比例。

在图 2-19(a) 中，点 M 分空间直线 AB 为 AM 和 MB 两段，其水平投影 m 也分 ab 为 am 和 mb 两段。在投射平面 $ABba$ 中，直线 AB 与 ab 被一组互相平行的投射线 Aa、Mm、Bb 所截割，则 $am:mb=AM:MB$。同理可得：$a'm':m'b'=AM:MB$，$a''m'':m''b''=AM:MB$。所以，点分直线段成定比，投影后比例不变，即

$$\frac{am}{mb}=\frac{a'm'}{m'b'}=\frac{a''m''}{m''b''}=\frac{AM}{MB}$$

2.6 平面的投影

2.6.1 平面的表示方法

平面的投影可通过平面上的几何元素或平面的迹线进行表示。

1. 用几何元素表示平面

不在同一条直线上的三点可以确定一个平面,由此可以演变出以下几种平面的表示方法:

(1)不在同一直线上的三点(a、b、c),如图 2-20(a)所示。
(2)一直线和该直线外一点(ab、c),如图 2-20(b)所示。
(3)相交的两直线(ac、bc),如图 2-20(c)所示。
(4)平行的两直线(ac∥bd),如图 2-20(d)所示。
(5)平面图形(△abc),如图 2-20(e)所示。

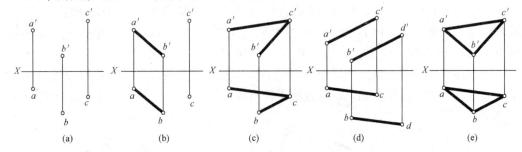

图 2-20 平面的表示方法

对同一平面来说,无论采用哪一种方法表示,它所确定的空间平面位置都是不变的。需要强调的是:前四种方法只确定平面的位置,第五种方法不但能确定平面的位置,而且能表示平面的形状和大小,所以,一般常用平面图形来表示平面。

2. 用迹线表示平面

平面的空间位置还可以由它与投影面的交线来确定,平面与投影面的交线称为该平面的迹线。如图 2-21 所示,P 平面与 H 面的交线称为水平迹线,用 P_H 表示;P 平面与 V 平面的交线称为正面迹线,用 P_V 表示;P 平面与 W 面的交线称为侧面迹线,用 P_W 表示。

一般情况下,相邻两条迹线相交于投影轴上,它们的交点也就是平面与投影轴的交点。在投影图中,这些交点分别用 P_X、P_Y、P_Z 来表示,如图 2-21(b)所示,也就是说,三条迹线中任意两条就可以确定平面的空间位置。

由于迹线位于投影面上,它的一个投影与自身重合,另外两个投影与投影轴重合,通常只用画出与自身重合的投影并加注标记的办法来表示迹线,凡是与投影轴重合的投影均不标记。

在三面投影体系中,根据平面和投影面的相对位置不同,将平面分为三类:

投影面垂直面:垂直于某一个投影面,倾斜于另外两个投影面。

投影面平行面：平行于某一个投影面，垂直于另外两个投影面。
一般位置平面：与三个投影面都倾斜。
相对于一般位置平面，前两类统称为特殊位置平面。

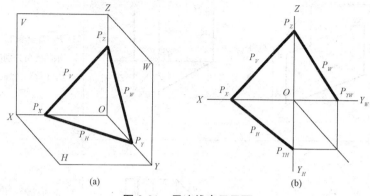

图 2-21 用迹线表示平面

2.6.2 投影面的垂直面

投影面的垂直面根据其所垂直的投影面不同可分为以下三种：

(1)垂直于 H 面、倾斜于 V 面和 W 面的平面称为铅垂面(表 2-4 中平面 P)。

(2)垂直于 V 面、倾斜于 H 面和 W 面的平面称为正面垂直面，简称正垂面(表 2-4 中平面 Q)。

(3)垂直于 W 面、倾斜于 H 面和 V 面的平面称为侧面垂直面，简称侧垂面(表 2-4 中平面 R)。

平面与投影面的夹角称为平面的倾角，平面与 H 面、V 面、W 面的倾角分别用 α、β、γ 标记。表 2-4 分别列出了铅垂面、正垂面和侧垂面的直观图、投影图和投影特性。

从表 2-4 可分析归纳出投影面的垂直面的投影特性：

(1)平面在它所垂直的投影面上的投影积聚为一直线，该直线与相应投影轴的夹角分别反映平面对另外两个投影面的倾角。

(2)平面在另外两个投影面上的投影为原平面图形的类似形，但面积比实形小。

(3)积聚迹线与投影轴的夹角，反映平面与另外两个投影面的倾角；其余两条迹线分别垂直于相应投影轴。

如果不需表示平面的形状和大小，只需确定其位置，可用迹线来表示，且只用有积聚性的迹线表示即可。表 2-4 中所示的铅垂面 P，只需画出 P_H 就能确定空间平面 P 的位置。

表 2-4 投影面的垂直面

名称		直观图	投影图	投影特性
铅垂面	图形平面			1. 水平投影 p 积聚为一直线，并反映对 V、W 面的倾角 β、γ； 2. 正面投影 p' 和侧面投影 p'' 为平面 P 的类似形

续表

名称		直观图	投影图	投影特性
铅垂面	迹线平面			1. P_H 有积聚性，与 OX 轴和 OY_H 轴的夹角分别反映角 β、γ； 2. $P_V \perp OX$，$P_W \perp OY_W$
正垂面	图形平面			1. 正面投影 q' 积聚为一直线，并反映对 H、W 面的倾角 α、γ； 2. 水平投影 q 和侧面投影 q'' 为平面 Q 的类似形
	迹线平面			1. Q_V 有积聚性，与 OX 轴和 OZ 轴的夹角分别反映角 α、γ； 2. $Q_H \perp OX$，$Q_W \perp OZ$
侧垂面	图形平面			1. 侧面投影 r'' 积聚为一直线，并反映对 H、V 面的倾角 α、β； 2. 水平投影 r 和侧面投影 r' 为平面 R 的类似形
	迹线平面			1. 无侧面迹线 R_W； 2. $R_H // OY_H$，$R_V // OZ$，有积聚性

2.6.3 投影面的平行面

投影面的平行面根据其所平行的投影面不同又分为以下三种：
(1)平行于 H 面的平面称为水平面平行面，简称水平面(表 2-5 中平面 P)。
(2)平行于 V 面的平面称为正面平行面，简称正平面(表 2-5 中平面 Q)。
(3)平行于 W 面的平面称为侧面平行面，简称侧平面(表 2-5 中平面 R)。
表 2-5 分别列出了水平面、正平面和侧平面的直观图、投影图和投影特性。
从表 2-5 可分析归纳出投影面的平行面的投影特性如下：
(1)平面在它所平行的投影面上的投影反映实形。
(2)平面在另外两个投影面上的投影积聚为一直线，且分别平行于相应的投影轴。
(3)平面在它所平行的投影面上无迹线，另外两条迹线均平行于相应的投影轴且具有积聚性。

表 2-5 投影面的平行面

名称		直观图	投影图	投影特性
水平面	图形平面			1. 水平投影 p 反映实形； 2. 正面投影 p' 积聚为一直线，且平行于 OX 轴，侧面投影 p'' 积聚为一直线，且平行于 OY_W 轴
	迹线平面			1. 无水平迹线 P_H； 2. $P_V \perp OZ$，$P_W \perp OZ$，有积聚性
正平面	图形平面			1. 正面投影 q' 反映实形； 2. 水平投影 q 积聚为一直线，且平行于 OX 轴，侧面投影 q'' 积聚为一直线，且平行于 OZ 轴
	迹线平面			1. 无正面迹线 Q_V； 2. $Q_H // OX$，$Q_W // OZ$，有积聚性

续表

名称		直观图	投影图	投影特性
侧平面	图形平面			1. 侧面投影 r'' 反映实形； 2. 水平投影 r 积聚为一直线，且平行于 OY_H 轴，正面投影 r' 积聚为一直线，且平行于 OZ 轴
	迹线平面			1. 无侧面迹线 R_W； 2. $R_H // OY_H$，$R_V // OZ$，有积聚性

2.6.4 一般位置平面

对三个投影面都倾斜（既不平行又不垂直）的平面，称为一般位置平面，如图 2-22(a)所示△ABC。一般位置平面在 H 面、V 面、W 面上的投影仍然为一个三角形，且三角形的面积均小于实形，如图 2-22(b)所示。

由此可知，一般位置平面的投影特性为：

(1)三面投影都不反映空间平面图形的实形，是原平面图形的类似形，且面积比空间平面图形的实形小。

(2)平面图形的三面投影都不反映该平面对投影面的倾角。

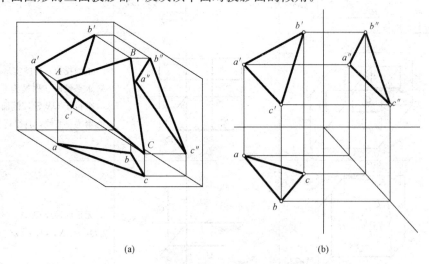

图 2-22 一般位置平面

2.6.5 属于平面的直线和点

1. 属于平面的直线

直线属于平面的几何条件：

(1) 直线通过平面上的两个点，则该直线属于此平面。如图 2-23(a) 中的直线 MN、BM。

(2) 直线通过平面的一点，且平行于平面内的另一条直线，则直线属于此平面。如图 2-23(b) 中的直线 L，其通过平面上的点 A，且平行于平面内的直线 BC，所以，该直线属于 $\triangle ABC$ 所在的平面。

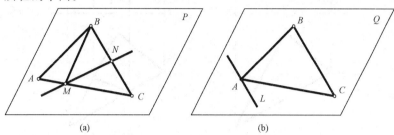

图 2-23 平面上直线的几何条件

在已知平面 $\triangle ABC$ 的投影图中求取属于平面的直线，其作图法如图 2-24 所示。

图 2-24(a) 为先取属于平面 $\triangle ABC$ 的两点 $M(m', m)$、$N(n', n)$，然后分别连接直线 $m'n'$、mn，则直线 MN 一定属于平面 $\triangle ABC$。

图 2-24(b) 为过 $\triangle ABC$ 平面上一点 A（可为平面上任意一点），且平行于 $\triangle ABC$ 的一条边 $BC(b'c', bc)$ 作一直线 $L(l', l)$，则直线 L 一定属于平面 $\triangle ABC$。

2. 属于平面的点

点属于平面的几何条件为：点属于平面的任一直线，如图 2-25 所示。

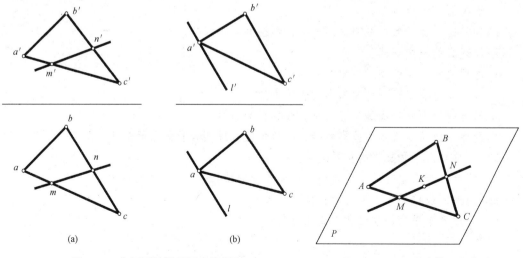

图 2-24 在平面的投影图上取线　　　图 2-25 平面上点的几何条件

若取属于平面的点，只有先取属于平面的一条直线，再取属于直线的点，才能保证点属于平面。否则，在投影图中不能保证点一定属于平面。

在已知平面△ABC的投影图中求取属于平面的点，其作图法如图2-26所示。

已知点K属于△ABC，点K的V面投影k'，求作点K的水平投影k。先在△a'b'c'内过投影k'任作一直线m'n'，然后求出其H面投影mn，进而求出在mn上的投影k，则投影k一定属于投影△abc。即点K一定属于平面△ABC，如图2-26(b)所示。

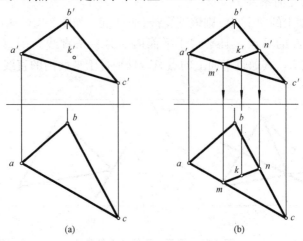

图2-26　平面的投影图上取点
(a)已知条件；(b)作图

复习思考题

1. 产生投影的基本条件有哪些？
2. 简述投影法的分类。
3. 正投影的特性有哪些？
4. 什么是三面投影体系？简述三面投影图的基本规律。
5. 简述点的投影规律。
6. 怎样判断两点的相对位置？
7. 什么是重影点？简述重影点的表示方法。
8. 简述投影面平行线和投影面垂直线的投影特性。
9. 简述一般位置直线的投影特性、一般位置直线实长和倾角的求法。
10. 怎样判断点和直线的位置关系？
11. 简述投影面垂直面和投影面平行面的投影特性。
12. 简述一般位置平面的投影特性。
13. 简述属于平面的直线和点的几何条件。

任务3　工程立体的投影

> **学习要点**

工程实践中有诸多立体的表现，如多高层住宅、低层别墅、教学楼等。这些空间形体，无论其形状多么复杂，总可以将其分解成简单的几何形体。所以立体的相关知识是学习更加复杂的工程形体所必需的。工程中常见的几何形体按其形状、类型不同可分为平面立体和曲面立体。表面全部由平面组成的立体称为平面立体，常见的有棱柱、棱锥(台)等；表面全是曲面或既有曲面又有平面的立体称为曲面立体，常见的有圆柱、圆锥(台)、圆球等。本任务主要讲解各种立体的形成及投影；立体各表面的可见性；立体表面上取点及其可见性等。

立体在工程中的应用

3.1　平面立体

3.1.1　棱柱体

1. 棱柱体的定义和特点

有两个面互相平行，其余相邻两个面的公共边都互相平行的多面体称为棱柱体。两个平行的面称为棱柱的底面，其余各面称为侧棱面，相邻两侧棱面的公共边称为侧棱线。

棱柱体的特点如下：

(1)上、下底面平行且相等；各棱线平行且相等。

(2)底面的边数 N＝侧棱面数 N＝侧棱线数 $N(N\geqslant 3)$。

(3)表面总数＝底面边数＋2。图 3-1(a)所示是三棱柱的直观图，其上、下底面为三角形，侧棱线垂直于底面，3个侧棱面均为矩形，共5个表面。

2. 棱柱体的投影

(1)安放位置。同一形体因安放位置不同其投影也有不同。为作图简便，应将形体的表面尽量平行或垂直于投影面。如图 3-1(a)所示放置的三棱柱，上、下底面平行于 H 面，后侧棱面平行于 V 面，左、右侧棱面垂直于 H 面。这样安放的三棱柱投影就较简单。

(2)投影分析[图 3-1(a)]。H 面投影是一个三角形。它是上、下底面实形投影的重合(上底面可见，下底面不可见)。由于三个侧棱面都垂直于 H 面，所以，三角形的三条边即为三个侧棱面的积聚投影；三角形的三个顶点为三条侧棱线的积聚投影。

V 面投影是两个小矩形合成的一个大矩形。左、右矩形分别为左、右侧棱面的投影(可见)；大矩形是后侧棱面的实形投影(不可见)；大矩形的上、下边线是上、下底面的积聚投影。

W 面投影是一个矩形。它是左、右侧棱面投影的重合(左侧棱面可见、右侧棱面不可见)。矩形的上、下、左边线分别是上、下底面和后侧棱面的积聚投影;矩形的右边线是前侧棱线 BB_1 的投影。

(3)作图步骤[图 3-1(b)]。

1)画上、下底面的各投影。先画 H 面上的实形投影,即 $\triangle abc$,后画 V 面、W 面上的积聚投影,即 $a'c'$、$a_1'c_1'$、$a''b''$、$a_1''b_1''$。

2)画各侧棱线的投影,即完成三棱柱的投影。三个投影应保持"长对正、高平齐、宽相等"三等关系。

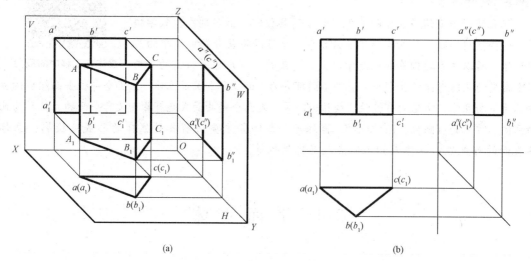

图 3-1 三棱柱的投影
(a)直观图;(b)投影图

3. 棱柱体表面上取点

棱柱体表面上取点的步骤为:根据已知点的投影位置及其可见性,分析、判断该点所属的表面;若该表面有积聚性,则可利用积聚投影的直线作出点的另一投影,最后作出第三投影;若该表面无积聚性,则可采用平面上取点的方法,过该点在所属表面上作一条辅助线,利用此线作出点的另外两个投影。

【例 3-1】 已知三棱柱表面上点 M 的 H 面投影 m(可见)及点 N 的 V 面投影 n'(可见),如图 3-2(a)所示,求点 M、点 N 点的另外两个投影。

解 (1)分析。由于点 m 可见,则可判断点 M 属三棱柱上底面 $\triangle ABC$;点 n' 可见,则可判断点 N 属右侧棱面。由于上底面、右侧棱面都有积聚投影,则点 M、点 N 的另一投影可直接求出。

(2)作图[图 3-2(b)]。

1)由 m 向上作 OX 轴的垂线(以下简称垂线)与上底面在 V 面的积聚投影 $a'b'c'$ 相交于 m';由 m、m' 及 Y_1,求得 m''。

2)由 n' 向下作垂线与右侧棱面 H 面的积聚投影 bc 相交于 n;由 n'、n 及 Y_2 求得 n''。

(3)判别可见性。点的可见性与点所在表面的可见性是一致的。如右棱面的 W 面投影不可见,则 n'' 不可见。当点的投影在平面的积聚投影上时,一般不判别其可见性,如 m'、m'' 和 n。

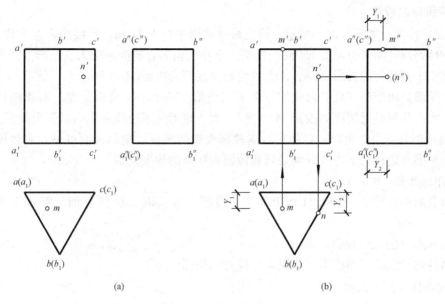

图 3-2 棱柱体表面上取点
(a)已知条件；(b)作图

3.1.2 棱锥体

1. 棱锥体的定义和特点

有一个面是多边形，其余各面是有一个公共顶点的三角形的多面体称为棱锥体。多边形的面称为棱锥体的底面，其余各面称为侧棱面，相邻侧面的公共边称为侧棱线。

棱锥体的特点：底面为多边形；各侧棱线相交于一点；底面的边数 $N=$ 侧棱面数 $N=$ 侧棱线数 $N(N \geqslant 3)$；表面总数=底面边数+1。图 3-3(a)所示是三棱锥的直观图，由底面（$\triangle ABC$）和三个侧棱面（$\triangle SAB$、$\triangle SBC$、$\triangle SAC$）围成，共四个表面。

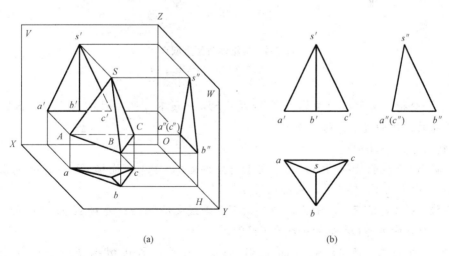

图 3-3 三棱锥的投影
(a)直观图；(b)投影图

2. 棱锥体的投影

(1)安放位置。如图 3-3(a)所示,将三棱锥底面平行于 H 面,后棱面垂直于 W 面。

(2)投影分析[图 3-3(a)]。H 面投影是三个小三角形合成的一个大三角形。三个小三角形分别是三个侧棱面的投影(可见);大三角形是底面的投影(不可见)。

V 面投影是两个小三角形合成的一个大三角形。两个小三角形是左、右侧棱面的投影(可见);大三角形是后棱面的投影(不可见);大三角形的下边线是底面的积聚投影。

W 面投影是一个三角形。它是左右侧棱面投影的重合,左侧棱面可见,右侧棱面不可见;三角形的左边线、下边线分别是后侧棱面和底面的积聚投影。

(3)作图步骤[图 3-3(b)]。

1)画底面的各投影。先画 H 面上的实形投影,即 $\triangle abc$;后画 V 面、W 面上的积聚投影,即 $a'c'$、$a''b''$。

2)画顶点 S 的三面投影,即 s、s'、s''。

3)画各侧棱线的三面投影,即完成三棱锥的投影。

3. 棱锥体表面上取点

【例 3-2】 已知三棱锥表面上点 M 的 H 面投影 m(可见)和点 N 的 V 面投影 n(不可见),如图 3-4(a)所示,求点 M、点 N 的另外两投影。

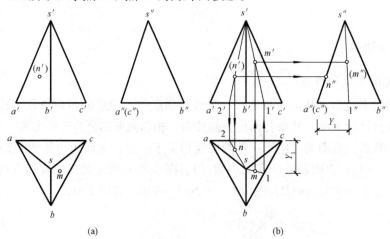

图 3-4 棱锥体表面上取点
(a)已知条件;(b)作图

解 (1)分析。由于 m 可见,则点 M 属 $\triangle SBC$;n' 不可见,则点 N 属 $\triangle SAC$,利用平面上取点的方法即可求得所缺投影。

(2)作图[图 3-4(b)]。

1)连接 sm 并延长交 bc 于 1;由 1 向上引垂线交 $b'c'$ 于 $1'$;连接 $s'1'$ 与过 m 向上的垂线相交于 m';由 1 及 Y_1 求得 $1''$,从而求得 m''。

2)连接 $s'n'$ 并延长交 $a'c'$ 于 $2'$;由 $2'$ 向下引垂线交 ac 于 2;连接 $s2$ 与过 n' 向下的垂线相交于 n;由 n' 向右作 OZ 轴的垂线交 $s''c''$ 于 n''。

(3)判断可见性。点 M 属 $\triangle SBC$,因 $\triangle s'b'c'$ 可见,则点 m' 可见;$\triangle s''b''c''$ 不可见,则点 m'' 不可见。点 N 属 $\triangle SAC$,因 $\triangle sac$ 可见,则点 n 可见;因 $\triangle s''a''c''$ 有积聚性,故点 n'' 不判别可见性。

3.2 曲面立体

常见的曲面立体有圆柱体、圆锥体、圆球体等，它们都是旋转体。

3.2.1 圆柱体

1. 圆柱体的形成

由矩形(AA_1O_1O)以其边(OO_1)为轴作旋转运动的轨迹称为圆柱体[图 3-5(a)]。与轴垂直的两边(OA 和 O_1A_1)的运动轨迹是上、下底圆，与轴平行的一边(AA_1)运动的轨迹是圆柱面。AA_1 称为母线，母线在圆柱面上的任一位置称为素线，圆柱面是无数条素线的集合。圆柱体由上、下底圆和圆柱面围成。上、下底圆之间的距离称为圆柱体的高。

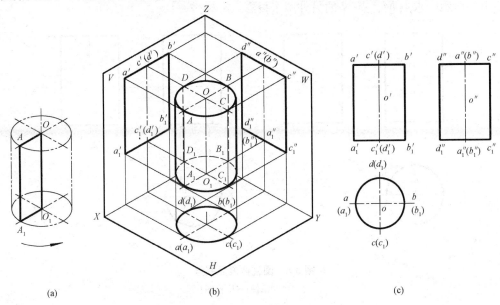

图 3-5 圆柱体的形成与投影
(a)形成；(b)直观图；(c)投影图

2. 圆柱体的投影

(1)安放位置。为简便作图，一般将圆柱体的轴线垂直于某一投影面。如图 3-5(b)所示，将圆柱体的轴线(OO_1)垂直于 H 面，则圆柱面垂直于 H 面，上、下底圆平行于 H 面。

(2)投影分析[图 3-5(b)]。H 面投影为一个圆。它是可见的上底圆和不可见的下底圆实形投影的重合，其圆周是圆柱面的积聚投影，圆周上任一点都是一条素线的积聚投影。

V 面投影为一矩形。它是可见的前半圆柱和不可见的后半圆柱投影的重合，其对应的 H 面投影是前、后半圆，对应的 W 面投影是右和左半矩形。矩形的上、下边线($a'b'$ 和 $a_1'b_1'$)是上、下底圆的积聚投影；左、右边线($a'a_1'$ 和 $b'b_1'$)是圆柱最左、最右素线(AA_1 和 BB_1)的投影，也是前半、后半圆柱投影的分界线。

W 面投影为一矩形。它是可见的左半圆柱和不可见的右半圆柱投影的重合,其对应的 H 面投影是左、右半圆;对应的 V 面投影是右、左半矩形。矩形的上、下边线($d''c''$ 和 $d_1''c_1''$)是上、下底圆的积聚投影;左、右边线($d'd_1''$ 和 $c''c_1''$)是圆柱最后、最前素线(DD_1 和 CC_1)的投影,也是左半、右半圆柱投影的分界线。

(3)作图步骤[图 3-5(c)]。

1)画轴线的三面投影(o、o'、o''),过 o 作中心线,轴和中心线都画单点长画线。

2)在 H 面上画上、下底圆的实形投影;在 V、W 面上画上、下底圆的积聚投影(其间距为圆柱的高)。

3)画出转向轮廓线,即画出最左、最右素线的 V 面投影($a'a_1'$ 和 $b'b_1'$);画出最前、最后素线的 W 面投影($c''c_1''$ 和 $d''d_1''$)。

3. 圆柱体表面取点

【例 3-3】 已知圆柱体上点 M 的 V 面投影 m'(可见)及点 N 的 H 面投影 n(不可见),如图 3-6(a)所示,求点 M、点 N 的另外两个投影。

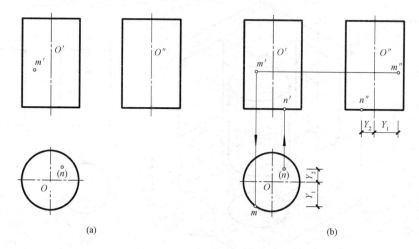

图 3-6 圆柱体表面取点
(a)已知条件;(b)作图

解 (1)分析。由于 m' 可见,且在轴 OO_1' 左侧,可知点 M 在圆柱面的前、左部分;n 不可见,则点 N 在圆柱的下底圆上。圆柱面的 H 面投影和下底圆的 V 面、W 面投影有积聚性,可从积聚投影入手求解。

(2)作图[图 3-6(b)]。

1)由 m' 向下作垂线,交 H 面投影中的前半圆周于 m,由 m'、m 及 Y_1 可求得 m''。

2)由 n 向上引垂线,交下底圆的 V 面积聚投影于 n',由 n、n' 及 Y_2 可求得 n''。

(3)判别可见性。点 M 位于左半圆柱,故 m'' 可见;m、n'、n'' 在圆柱的积聚投影上,不判别其可见性。

3.2.2 圆锥体

1. 圆锥体的形成

由直角三角形(SAO)以其一直角边(SO)为轴作旋转运动的轨迹称为圆锥体[图 3-7(a)]。

另一直角边(AO)作旋转运动的轨迹是垂直于轴的底圆；斜边(SA)作旋转运动的轨迹是圆锥面，SA 称为母线，母线在圆锥面上的任一位置称为素线，圆锥面是无数多条素线的集合。圆锥体由圆锥面和底圆围成。锥顶(S)与底圆之间的距离称为圆锥的高。

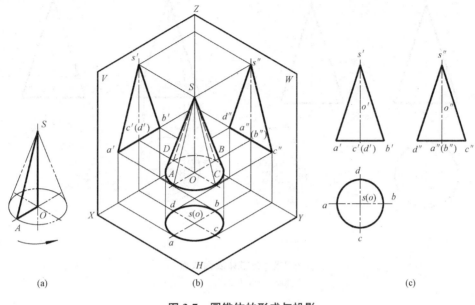

图 3-7 圆锥体的形成与投影
(a)形成；(b)直观图；(c)投影图

2. 圆锥体的投影

(1)安放位置。如图 3-7(b)所示，将圆锥体的轴线垂直于 H 面，则底圆平行于 H 面。

(2)投影分析[图 3-7(b)]。H 面投影为一个圆。它是可见的圆锥面和不可见的底圆投影的重合。

V 面投影为一等腰三角形。它是可见的前半圆锥和不可见的后半圆锥投影的重合，其对应的 H 面投影是前、后半圆，对应的 W 面投影是右、左半个三角形。等腰三角形的底边是圆锥底面的积聚投影；两腰($s'a'$ 和 $s'b'$)是圆锥最左、最右素线(SA 和 SB)的投影，也是前、后半圆锥的分界线。

W 面投影为一等腰三角形。它是可见的左半圆锥和不可见的右半圆锥投影的重合，其对应的 H 面投影是左、右半圆；对应的 V 面投影是右、左半三角形。等腰三角形的底边是圆锥底圆的积聚投影；两腰($s''d''$ 和 $s''c''$)是圆锥最后、最前素线(SD 和 SC)的投影，也是左、右半圆锥的分界线。

(3)作图步骤[图 3-7(c)]。

1)画轴线的三面投影(o、o'、o'')，过 o 作中心线，轴和中心线都画单点长画线。

2)在 H 面上画底圆的实形投影(以 o 为圆心，oa 为半径)；在 V 面、W 面上画底圆的积聚投影。

3)画锥顶(S)的三面投影(s、s'、s'')，由圆锥的高定 s'、s''。

4)画出转向轮廓线，即画出最左、最右素线的 V 面投影($s'a'$ 和 $s'b'$)；画出最前、最后素线的 W 面投影($s''c''$ 和 $s''d''$)。

3. 圆锥体表面取点

【例 3-4】 已知圆锥上一点 M 的 V 面投影 m'（可见），如图 3-8(a) 所示，求 m 及 m''。

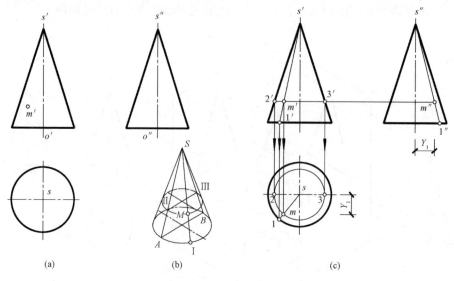

图 3-8　圆锥体表面取点
(a)已知条件；(b)作图分析；(c)作图

解 (1)分析。由于 m' 可见，且在轴 $s'o'$ 左侧，可知点 M 在圆锥面的前、左部分。由于圆锥面的三个投影都无积聚性，所缺投影不能直接求出，可利用素线法和纬圆法求解。利用素线法，即过锥顶 S 和已知点 M 在圆锥面上作一素线 $S1$，交底圆于 1 点，求得 $S1$ 的三面投影，则点 M 的 H、W 面投影必然在 $S1$ 的 H、W 面投影上。利用纬圆法，即过 M 点作垂直于圆锥轴线的水平圆（其圆心在轴上），该圆与圆锥的最左、最右素线（SA 和 SB）相交于Ⅱ、Ⅲ点，以Ⅱ、Ⅲ点为直径在圆锥面上画圆，则点 M 的 H 面、W 面投影必然在该圆 H 面、W 面投影上[图 3-8(b)]。

(2)作图[图 3-8(c)]。

1)素线法：连接 $s'm'$ 并延长交底圆的积聚投影于 $1'$；由 $1'$ 向下作垂线交 H 面投影中圆周于 1，连接 $s1$；由 m' 向下作垂线交 $s1$ 于 m，由 Y_1 并利用"高平齐"关系求得 m''。

2)纬圆法：过 m' 作平行于 OX 轴方向的直线，交三角形两腰于 $2'$、$3'$，线段 $2'3'$ 就是所作纬圆的 V 面积聚投影，也是纬圆的直径；再以 $2'3'$ 为直径在 H 面投影上画纬圆的实形投影；由 m' 向下作垂线，与纬圆前半部分相交于 m，由 m'、m 及 Y_1 得 m''。

(3)判别可见性。由于点 M 位于圆锥面前、左部分，故 m、m'' 均可见。

3.2.3　圆球体

1. 圆球体的形成

半圆面以其直径（O 轴）为轴作旋转运动的轨迹称为圆球体[图 3-9(a)]。半圆弧线旋转运动的轨迹是球面，即圆球的表面。

2. 圆球体的投影

(1)安放位置。由于圆球形状的特殊性（上下、左右、前后均对称），无论怎样放置，其三面投影都是相同大小的圆。

(2)投影分析[图 3-9(b)]。圆球的三面投影均为圆。

H 面投影的圆是可见的上半球面和不可见的下半球面投影的重合。圆周 a 是圆球面上平行于 H 面的最大圆 A(也是上、下半球面的分界线)的投影。

V 面投影的圆是可见的前半球面和不可见的后半球面投影的重合。圆周 b' 是圆球面上平行于 V 面的最大圆 B(也是前、后半球面的分界线)的投影。

W 面投影的圆是可见的左半球面和不可见的右半球面投影的重合。圆周 c'' 是圆球面上平行于 W 面的最大圆 C(也是左、右半球面的分界线)的投影。

三个投影面上的三个圆对应的其余投影均积聚成直线段,并重合于相应的中心线上,不必画出。

(3)作图步骤[图 3-9(c)]。

1)画球心的三面投影 o、o'、o'',过球心的投影分别作横、竖向中心线(单点长画线)。

2)分别以 o、o'、o'' 为圆心,以球的半径(半球面的半径)在 H、V、W 面投影上画出等大的三个圆,即为球的三面投影。

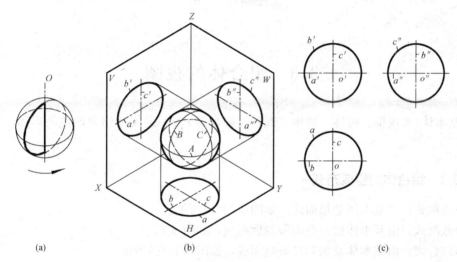

图 3-9 圆球体的形成与投影

(a)形成;(b)直观图;(c)投影图

3. 圆球体表面取点

【例 3-5】 已知球面上一点 M 的 V 面投影 m'(可见),如图 3-10(a)所示,求 m 及 m''。

解 (1)分析。球的三面投影都没有积聚性,且球面上也不存在直线,故只有采用纬圆法求解。可设想过点 M 在圆球面上作水平圆(纬圆),该点的各投影必然在该纬圆的相应投影上。作出纬圆的各投影,即可求出点 M 的所缺投影。

(2)作图[图 3-10(b)]。

1)过 m' 作水平纬圆的 V 面投影,该投影积聚为一线段 $1'2'$。

2)以 $1'2'$ 为直径在 H 面上作纬圆的实形投影。

3)由 m' 向下作垂线交纬圆的 H 面投影于 m(因 m' 可见,点 M 必然在圆球面的前半部分);由 m、m' 及 Y_1 求得 m''。

(3)判别可见性。因点 M 位于圆球面的上、右、前半部分,故 m 可见,m'' 不可见。

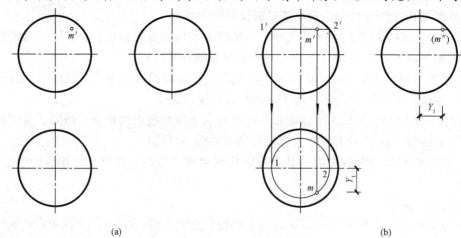

图 3-10 圆球体表面上取点
(a)已知条件;(b)作图

3.3 组合体的视图

由基本体(如棱锥、棱柱、圆锥、圆柱、圆球等)按一定规律组合而成的形体,称为组合体。

3.3.1 组合体的组成方式

(1)叠加式:由基本体叠加而成,如图 3-11(a)所示。
(2)截割式:由基本体被一些面截割后而成,如图 3-11(b)所示。
(3)综合式:由基本体叠加和被截割而成,如图 3-11(c)所示。

图 3-11 组合体的组成方式
(a)叠加式;(b)截割式;(c)综合式

3.3.2 组合体视图的名称及位置

形体一般用在 V 面、H 面、W 面上的正投影来表示,将该三面投影图称为三视图。当形体外形较复杂时,图中的各种图线易于密集重合,给读图带来困难。因此,在原来三个投影面的基础上,可再增加与它们各自平行的三个投影面(均为基本投影面),就好像由六个投影面组成了一个方箱,把形体放在中间,然后向六个投影面进行正投影,再按图 3-12 所示箭头方向把它们展开到一个平面上,便得到形体的六个投影图。由于都属于基本投影面上的投影,所以都称为基本视图。各视图的名称、排列位置如图 3-13 所示。

图 3-12 六个基本视图的展开

图 3-13 六个基本视图的名称及位置

3.3.3 组合体视图的画法

画组合体的视图时,一般按下列步骤进行:
(1)形体分析;
(2)选择视图;
(3)画出视图;
(4)标注尺寸;
(5)填写标题栏及文字说明。

现以梁板式基础[图 3-14(a)]为例进行说明。

1. 形体分析

将组合体分解成一些基本体,并弄清它们的相对位置,如图 3-14(b)所示。梁板式基础可分解成最下边的长方形板、板正中央上方的四棱柱和柱四周的四根支撑的肋梁及肋板。四根支撑的肋梁及肋板在柱的四边,其位置前后左右对称,柱在长方形板的正中央。

2. 选择视图

(1)确定安放位置。主要考虑以下三点：

1)要将形体的主要表面平行或垂直于基本投影面，这样视图的实形性好，而且视图的形状简单、画图容易。如图 3-14(a)所示，基础的各个面均平行或垂直于 H、V、W 三个投影面。

2)要使主视图反映出形体的主要特征，如图 3-14(a)所示，沿 A 向作主视图效果就好，沿 B 向作主视图效果就差。

3)要使各视图中的虚线较少。

(2)确定视图数量。其原则是：在保证完整清晰地表达出形体各部分形状和位置的前提下，视图数量应尽量少。例如，梁板式基础，由于梁柱前后左右对称，所以只需 H、V、W 三个视图。

图 3-14　梁板式基础
(a)组合形体；(b)形体分解

3. 画出视图

(1)根据形体大小和注写尺寸、图名及视图间的间隔所需面积，选择适当的图幅和比例。

(2)布置视图。先画出图框和标题栏线框，确定出图纸上可画图的范围，然后安排三个视图的位置，使每个视图在注完尺寸、写出图名后它们之间的距离及它们与图框线之间的距离大致相等，如图 3-15(a)所示。

(3)画底图。根据形体分析，先主后次、先大后小地逐个画出各基本体的视图，如图 3-15 所示。

注意，形体实际上是一个不可分割的整体，形体分析仅仅是一种假想的分析方法。当将组合体分解成各个基本体后又还原成组合体时，同一个平面上就不应该有交线，如图 3-15(c)所示，梁和底板侧面之间就不应该有交线。

(4)加深图线。经检查无误后，擦去多余线，并按规定的线型加深，如图 3-15(d)所示。如有不可见的棱线，就画成虚线。

4. 标注尺寸

尺寸标注的相关知识见本书 3.3.4。

5. 填写标题栏及文字说明

填写标题栏及必要的文字说明，完成全图。

图 3-15 梁板式基础的作图步骤
(a)布图、画底板；(b)画柱子；(c)画前后左右支撑的肋梁和肋板；(d)擦去底稿线完成全图

3.3.4 组合体视图的尺寸标注

视图是表达形体形状的依据，尺寸是表达形体大小的依据，这两者在施工制作时是缺一不可的。

1. 组合体的尺寸分类

组合体是由基本几何体组成的，只要标注出这些基本几何体的大小及它们之间的相对位置，就完全确定了组合体的大小。

(1)定形尺寸。组合体中各基本几何体的尺寸称为定形尺寸。一般按基本几何体的长、宽、高三个方向来标注，但有的形体由于其形状较特殊，也可只标注两个或一个尺寸，如图3-16所示。

(2)定位尺寸。组合体中各基本几何体之间相对位置的尺寸称为定位尺寸。一般按基本几何体之间的前后、左右、上下位置来标注。标注定位尺寸，先要选择尺寸标注的起点，视组合体的不同组成，一般可选择投影面的平行面、形体的对称面、轴线、中心线等作为尺寸标注的起点，并且可以有一个或多个这样的起点。

如图3-17所示，组合体平面图中圆柱定形尺寸为$\phi 8$，矩形孔定形尺寸为12×14。为确定圆柱和矩形孔在组合体中的位置，就需标出它们的定位尺寸。在长度方向上，以底板左端面为起点标注出圆柱的定位尺寸10，再以此圆柱中心线为起点标注出矩形孔左端面的定位尺寸8。在宽度方向上，对于圆柱和方孔，以中间对称面为基准就前后对称，所以，可不标出定

位尺寸；也可以底板前端面为起点标注出矩形孔前面的定位尺寸3，再以该面为起点，标注出圆柱中心线的定位尺寸7，圆柱中心线也是矩形孔的对称线，最后标出矩形孔的另一半尺寸7。在高度方向上，因为圆柱直接放在底板上，矩形孔是穿通的，所以，无须标注定位尺寸。

（3）总尺寸。表示组合体总长、总宽、总高的尺寸称为总尺寸。如图3-17中所示，长×宽×高＝35×20×13就是该组合体的总尺寸。当形体的定形尺寸与总尺寸相同时，只取一个表示即可。

图3-16 基本体的尺寸标注

图3-17 定位尺寸

2. 尺寸标注的原则

(1)尺寸标注明显。尺寸尽可能标注在最能反映形体特征的视图上。

(2)尺寸标注集中。同一基本体的定形、定位尺寸尽量集中标注；与两视图有关的尺寸，应标在两视图之间的位置。

(3)尺寸布置整齐。大尺寸布置在外，小尺寸布置在内，各尺寸线之间的间隔大约相等，尺寸线和尺寸界线应避免交叉。

(4)保持视图清晰。尺寸尽量布置在视图之外，少布置在视图之内；虚线处不标注尺寸。

3.3.5 组合体视图的阅读

读图是由视图想象出形体空间形状的过程，是画图的逆过程。读图是增强空间想象力的一个重要环节，必须掌握读图的方法并多实践才能达到提高读图能力的目的。

1. 读图的基本要求

(1)掌握形体三视图的基本关系，即"长对正、高平齐、宽相等"三等关系。

(2)掌握各种位置直线、平面的投影特性(实形性、积聚性、类似性)。

(3)联系形体各个视图来读图。形体表达在视图上，需两个或三个视图。读图时，应将各个视图联系起来，只有这样才能完整、准确地想象出空间形体来。如图3-18所示，它们的主视图、左视图都相同，但俯视图不同，所以，其空间形体也各不相同。

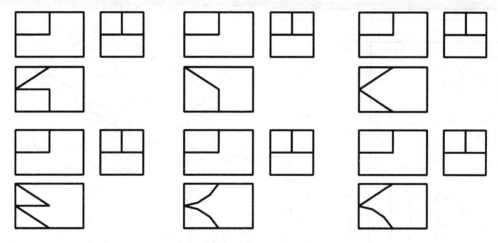

图3-18 根据三视图判断形体的形状

2. 读图的方法

读图的方法一般可分为形体分析法和线面分析法。

(1)形体分析法。读图时，首先要对组合体作形体分析，了解它的组成，然后将视图上的组合体分解成一些基本体。根据各基本体的视图想象出它们的形状，再根据各基本体的相对位置，综合想象出组合体的形状。组合体分解成几个基本体并找出它们相应的各视图，是运用形体分析法读图的关键。应注意组成组合体的每一个基本体，其投影轮廓线都是一个封闭的线框，也即视图上每一个封闭线框一定是组合体或组成组合体的基本体投影的轮廓线，对一个封闭的线框可根据"三等"关系找出它的各个视图来。此法多用于叠加式组合体。

【例 3-6】 根据图 3-19 所示组合体的三视图，想象其形状。

图 3-19　组合体的三视图

解　根据图 3-19 的主视图、左视图了解到该组合体由三部分组成，因此将其分解为三个基本体。由组合体左视图中的矩形线框 1″，用"高平齐"找出其 V 面投影为矩形线框 1′，用"长对正、宽相等"找出 H 面投影为矩形线框 1。把它们从组合体中分离出矩形的三视图，如图 3-20(a) 所示。由三视图想象出的形状是正四棱柱Ⅰ，如图 3-20(b) 所示。

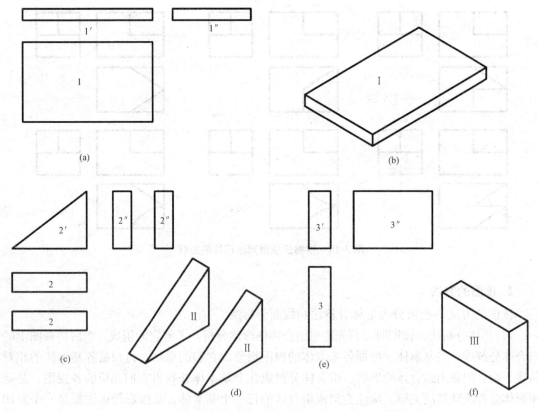

图 3-20　组合体的形体分析

同理，由线框 $2''$ 找出其线框 2 和 $2'$，分离出形体的三视图，如图 3-20(c)所示。由此想出的形状是三棱柱Ⅱ，如图 3-20(d)所示。

由线框 3 找出 $3'$ 和 $3''$，分离出形状的三视图，如图 3-20(e)所示，由此想出的形状是正四棱柱Ⅲ，如图 3-20(f)所示。

把上述分别想出的基本体按照图 3-19 所给定的相对位置组合成整体，就得视图所表示的空间形体的形状，如图 3-21 所示。

图 3-21　组合体的立体图

(2)线面分析法。根据形体中线、面的投影，分析它们的空间形状和位置，从而想象出它们所组成的形体的形状。此法多用于截割式组合体。

用线面分析法读图，关键是要分析出视图中每一条线段和每一个线框的空间意义。

1)线条的意义。视图中的每一线条的意义可以是下述三种情况之一：

①表示两面的交线，如图 3-22(a)中所示的 L。

②表示平面的积聚投影，如图 3-22(b)中所示的 R。

③表示曲面的转向轮廓线，如图 3-22(c)中立面图上所示的 m'。

若三视图中无曲线，则空间形体无曲面，如图 3-22(a)、(b)所示。

若三视图中有曲线，则空间形体有曲面，如图 3-22(c)所示。

2)线框的意义。

①一般情况：一个线框表示形体上一个表面的投影，如图 3-22(b)中所示的 Q、T 都表示一个平面。

②特殊情况：一个线框表示形体上两个棱面的重影，如图 3-22(a)中所示的 p'' 就表示了形体的两个棱面 P 在 W 面上的投影。

图 3-22　线条及线框的意义

③相邻两线框表示两个面。若两线框的分界线是线的投影，则表示该两面相交，如图 3-22(a)中的分界线是两面的交线 L；若两线框的分界线是面的积聚投影，则表示两面有前后、高低、左右之分，如图 3-22(b)中的分界线是平面 R 的积聚投影，平面 Q 和 T 就有前后、左右之分。

【例 3-7】 试用线面分析法读图 3-23(a)所示形体的空间形状。

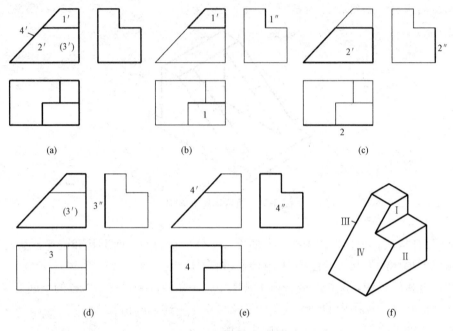

图 3-23 线面分析法读图

解 在主视图中，共有三个线框和五条线段。首先分析线框 $1'$，如图 3-23(b)所示，利用"三等"关系，由"高平齐"找到其侧面投影 $1''$，由"长对正、宽相等"找出其对应的水平投影 1；得出线框Ⅰ是正平面。同理可以根据投影图分析得出线框Ⅱ和线框Ⅲ也是正平面，其形状均为四边形，如图 3-23(c)、(d)所示。

再分析线段 $4'$，根据"长对正、高平齐"可知它是一个正垂面，对应的是水平投影 4 和侧面投影 $4''$，在空间呈 L 形，如图 3-23(e)所示。同理，可分析出主视图中其他线段的空间意义，分析多少根据需要确定。

根据对主视图中三个线框和一条线段的分析，就可想象出由它们所围成的形体的空间形状，如图 3-23(f)所示。

对于较复杂的综合式组合体，先以形体分析法分解出各基本体，后用线面分析法读懂难点。

3. 已知组合体的二视图，补画第三视图

已知组合体的二视图补画第三视图（简称"二补三"），是培养读图能力和检验读图效果的一种重要手段，也是培养分析问题和解决问题能力的一种重要方法。

"二补三"的步骤是：先读图，后补图，再检查。

【例 3-8】 由组合体的主、左视图补画其俯视图，如图 3-24(a)所示。

解 (1)读图。从左视图的外轮廓看，外形是一梯形体。它也可看作是一长方体被一侧垂面所截，在此基础上将形体中间再挖一个槽。以这样从"外"到"内"、从"大"到"小"、先"整体"后"局部"的顺序来读图。

(2)补图。根据"三等"关系，先补出外轮廓的俯视图，如图 3-24(b)所示；然后再补出槽的俯视图，如图 3-24(c)所示。经检查(用"三等"关系、形体分析、线面分析以及想象空间形体等来检查)无误后，最后加深图线完成所补图。其空间形体如图 3-24(d)所示。

图 3-24　例 3-8 二补三

【例 3-9】　由组合体的主、左视图，补画其俯视图，如图 3-25(a)所示。

解　(1)读图。从主视图的外轮廓看，它是一长方体左上部被两个平面所截后剩下的部分。从"高平齐"可以看出，左边一截平面是侧垂面(W 面上积聚为一直线)；右边一截平面是一个一般位置平面(V 面、W 面上均为类似图形)。由此来想象形体的形状。

(2)补图。先由三等关系画出俯视图的外轮廓，然后根据主视图和左视图上的相关点(这些点可自行标出番号，如 $1'$、$2'$、$3'$、$4'$ 和 $1''$、$2''$、$3''$、$4''$)，补出俯视图上相应的点(1、2、3、4)，连点成线。经检查无误后，最后加深图线即得所求，如图 3-25(b)所示。其空间形状如图 3-25(c)所示。

图 3-25　例 3-9 二补三

【例 3-10】　由组合体的主、左视图补画其俯视图，如图 3-26(a)所示。

解　(1)读图。从主视图看，该体外轮廓为一矩形体左上部分被一正垂面截掉了；从左视图看，也为矩形体的外轮廓，其上部前后两侧各被截掉一个角，下部中间部分被挖去了一个矩形槽。由此想象出这个矩形体被截去、挖掉后的形状。

(2)补图。根据"三等"关系，先补出形体未被截割时的外轮廓的 H 面投影——矩形线框，如图 3-26(b)所示；然后画出形体左上部分被截去后的 H 面投影，如图 3-26(c)所示；再画出形体右上部分被截去两个角后的 H 面投影，如图 3-26(d)所示；最后画出形体下部中间被挖去一个矩形槽后的 H 面投影，经检查无误后加深图线即得所求，如图 3-26(e)所示。图 3-26(f)为形体的立体图。

图 3-26　例 3-10 二补三

复习思考题

1. 棱柱体是如何形成的？棱柱体的特点是什么？

2. 假设有一个三棱柱，如何放置才能使它的投影尽可能简单？（答案不唯一）简述放在此位置时它的各面投影特性。

3. 棱柱体表面取点的步骤是什么？

4. 棱锥体是如何形成的？棱锥体的特点是什么？

5. 假设有一个三棱锥，如何放置才能使它的投影尽可能简单？（答案不唯一）简述放在此位置时它的各面投影特性。

6. 圆柱体是如何形成的？简述将圆柱体的轴线垂直于某一投影面放置时各面投影特性。

7. 圆锥体是如何形成的？简述将圆锥体底面平行于 H 面放置时各面投影特性。

8. 圆球体是如何形成的？简述圆球体的三面投影特性。

9. 组合体的组成方式有哪几种？简述组合体六个基本视图的名称及位置。

10. 简述组合体识图阅读的两种方法。

11. 线面分析法中线条有何意义？线框有何意义？

任务4 轴测投影

轴测投影

学习要点

在建筑制图中,有一种投影可以很生动、很形象地表现出建筑物的立体感,这就是轴测投影。用这种投影方式画出的图样称为轴测投影图,简称轴测图。在本任务中,需要掌握轴测图的形成与作用,轴间角和轴向伸缩系数,正等测图及其画法,斜轴测图及其画法,还有八点法和四心法的运用等。

4.1 轴测投影的基本知识

4.1.1 轴测图的形成与作用

将空间一形体按平行投影法投影到平面 P 上,使平面 P 上的图形同时反映出空间形体的三个面来,该图形就称为轴测投影图,简称轴测图。

为研究空间形体三个方向长度的变化,特在空间形体上设一直角坐标系 $O\text{-}XYZ$,以代表形体的长、宽、高三个方向,并随形体沿 S 方向一并投影到平面 P 上。于是在平面 P 上得到 $O_1\text{-}X_1Y_1Z_1$,如图4-1所示。

其中,S 称为轴测投影方向,P 称为轴测投影面,O_1X_1、O_1Y_1、O_1Z_1 称为轴测投影轴,简称轴测轴。

由于轴测投影面 P 上同时反映了空间形体的三个面,所以其图形富有立体感。这一点恰好弥补了正投影图的缺点。但轴测投影图作图复杂、量度性较差,因此,它在工程实践中一般只用作辅助性图样。

图4-1 轴测投影的形成

4.1.2 轴测图的分类

(1)正轴测投影:坐标系 $O\text{-}XYZ$ 中的三个坐标轴都与投影面 P 相倾斜,投影方向 S 与轴测投影面 P 相垂直所形成的轴测投影。

(2)斜轴测投影:坐标系 $O\text{-}XYZ$ 中有两个坐标轴与投影面 P 相平行,投影方向 S 与轴测投影面 P 相倾斜所形成的轴测投影。

4.1.3 轴测图中的轴间角与伸缩系数

轴测轴之间的夹角称为轴间角，如图4-1中所示的$\angle X_1O_1Y_1$、$\angle Y_1O_1Z_1$、$\angle Z_1O_1X_1$。

形体在坐标轴（或其平行线）上的定长的投影长度与实长之比，称为轴向伸缩系数，简称伸缩系数，即

$p = \dfrac{O_1X_1}{OX}$——X轴伸缩系数；

$q = \dfrac{O_1Y_1}{OY}$——Y轴伸缩系数；

$r = \dfrac{O_1Z_1}{OZ}$——Z轴伸缩系数。

轴间角确定了形体在轴测投影图中的方位。伸缩系数确定了形体在轴测投影图中的大小。这两个要素是作出轴测图的关键。

4.1.4 轴测投影图的特点

(1)因轴测投影是平行投影，所以，空间一直线的轴测投影一般仍为一直线；空间互相平行的直线其轴测投影仍互相平行；空间直线的分段比例在轴测投影中仍不变。

(2)空间与坐标轴平行的直线，轴测投影后其长度可沿轴量取；与坐标轴不平行的直线，轴测投影后就不可沿轴量取，只能先确定两端点，然后再画出该直线。

(3)由于投影方向S和空间形体的位置可以是任意的，所以可得到无数个轴间角和伸缩系数，同一形体也可画出无数个不同的轴测图。

4.2 正等测图

正等测投影属正轴测投影中的一种。它是由坐标系$O\text{-}XYZ$的三个坐标轴与轴测投影面P所成夹角均相等时所形成的投影。此时，它的三个轴向伸缩系数都相等，故称正等轴测投影（简称正等测）。由于它画法简单、立体感较强，所以在工程中较常用。

4.2.1 正等测的轴间角与伸缩系数

1. 轴间角

三个轴测轴之间的夹角均为120°。当O_1Z_1轴处于竖直位置时，O_1X_1、O_1Y_1轴与水平线夹角成30°，这样可方便利用三角板画图，如图4-2所示。

2. 伸缩系数

三个轴向伸缩系数的理论值：$p=q=r\approx 0.82$。为作图简便，取简化值$p=q=r=1$（画图时，形体的长、宽、高度都不变），如图4-2所示。这对形体的轴测投影图的形状没有影响，只是图形放大了1.22倍。如

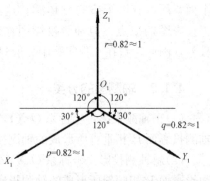

图4-2 正等测的轴间角与伸缩系数

图 4-3(a)为形体的正投影图,图 4-3(b)为 $p=q=r=0.82$ 时的轴测图,图 4-3(c)为 $p=q=r=1$ 时的轴测图。

图 4-3 正等测的实例

4.2.2 正等测的画法

【例 4-1】 作三棱柱的正等测图,其 V 面、H 面投影如图 4-4(a)所示。

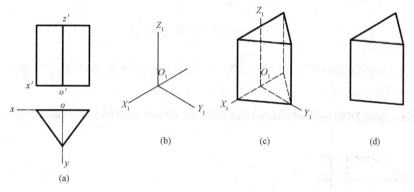

图 4-4 三棱柱的正等测画法

解 (1)定轴测轴。把坐标原点 O_1 选在三棱柱下底面的后边中点,且让 X_1 轴与其后边重合。这样可在轴测轴中方便量取各边长度,如图 4-4(a)所示。

(2)根据正等测的轴间角画出轴测轴 O_1-$X_1Y_1Z_1$,如图 4-4(b)所示。

(3)根据三棱柱各角点的坐标(长度),画出底面的轴测图。

(4)根据三棱柱的高度,画出三棱柱的上底面及各棱线,如图 4-4(c)所示。

(5)擦去多余图线,加深图线即得所求,如图 4-4(d)所示。

基本体的轴测图主要根据形体各点在坐标上的位置来画,这种方法称为坐标法。这种方法是轴测图中最基本的画法。其中坐标原点 O_1 的位置选择较重要,如选择恰当,作图就简便快捷。

【例 4-2】 作组合体的正等测图,其 V 面、H 面投影如图 4-5(a)所示。

解 把该组合体分为三个基本体,如图 4-5(a)所示。

(1)定坐标轴。把坐标原点 O_1 选在Ⅰ体上底面的右后角上,如图 4-5(a)所示。

(2)根据正等测的轴间角及各点的坐标,在Ⅰ体的上底面画出组合体的 H 面投影的轴测图,如图 4-5(b)所示。

(3)根据Ⅰ体的高度,画出Ⅰ体的轴测图,如图 4-5(c)所示。

(4)根据Ⅱ、Ⅲ体的高度,画出它们的轴测图,如图 4-5(d)所示。

(5)擦去多余线,加深图线即得所求,如图4-5(e)所示。

图 4-5　组合体的正等测图画法

画叠加类组合体的轴测图,应分先后、主次画出组合体各组成部分的轴测图,每一部分的轴测图仍用坐标法画出,但应注意各部分之间的相对位置关系。

【例 4-3】　作形体的正等测图,其三面正投影如图 4-6(a)所示。

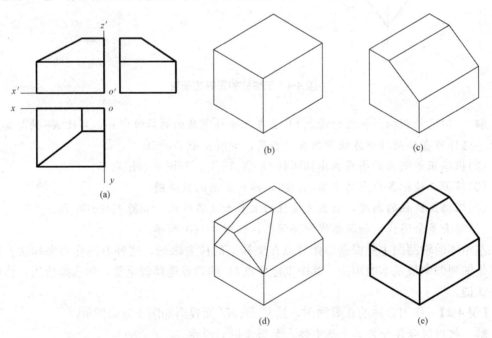

图 4-6　截割体正等测图画法

解　(1)定坐标轴,如图 4-6(a)所示。
(2)画出正等测的轴测轴,并在其上画出形体未截割时的外轮廓的正等测图,如图 4-6(b)所示。

（3）在外轮廓体的基础上，应用坐标法先后进行截割，如图 4-6(c)、(d)所示。

（4）擦去多余线，加深图线即得所求，如图 4-6(e)所示。

画由基本体截割后的形体的轴测图时，应先画基本体的轴测图，再应用坐标法在该基本体内画各截交线，最后擦掉截去部分即得所需图形。

4.3 斜 轴 测 图

通常将坐标系 $O\text{-}XYZ$ 中的两个坐标轴放置在与投影面平行的位置，所以较常用的斜轴测投影有正面斜轴测投影和水平斜轴测投影两种。但无论哪一种，如果它的三个伸缩系数都相等，就称为斜等测投影（简称斜等测）。如果只有两个伸缩系数相等，就称为斜二测轴测投影（简称斜二测）。

4.3.1 正面斜轴测图

1. 正面斜轴测图的形成

如图 4-7 所示，当坐标面 XOZ（形体的正立面）平行于轴测投影面 P，而投影方向倾斜于轴测投影面 P 时所得到的投影，称为正面斜轴测投影。由该投影所得到的图就是正面斜轴测图。

图 4-7 正面斜轴测投影的形成

（1）轴测轴。由于 OX、OZ 都平行于轴测投影面，其投影不发生变形，所以，$\angle X_1O_1Z_1 = 90°$；OY 轴垂直于轴测投影面，由于投影方向倾斜于轴测投影面，所以，它是一条倾斜线，一般取与水平线夹角成 $45°$。

（2）伸缩系数。当 $p=q=r=1$ 时，称斜等测；当 $p=r=1$，$q=0.5$ 时，称斜二测，如图 4-8 所示。

图 4-8 正面斜二测轴间角和伸缩系数

当形体的正平面形状较复杂或具有圆和曲线时，常作正面斜二测图；管道线路常作正面斜等测图。

2. 正面斜轴测图的画法

【例 4-4】 作形体的斜二测图，其三面正投影如图 4-9(a)所示。

解 （1）选择坐标原点 O 和斜二测的坐标系 $O_1\text{-}X_1Y_1Z_1$，如图 4-9(a)、(b)所示。

(2) 将反映实形的 $X_1Y_1Z_1$ 面上的图形如实照画，如图 4-9(c)所示。

(3) 由各点引 Y_1 方向的平行线，并量取实长的一半(q 取 0.5)，连接各点得形体的外形轮廓的轴测图，如图 4-9(d)所示。

(4) 根据被截割部分的相对位置定出各点，再连线，最后加深图线即得所求，如图 4-9(e)所示。

注意，所画轴测图应充分反映形体的特征，如图 4-9(e)所示为正确，图 4-9(f)所示为错误。

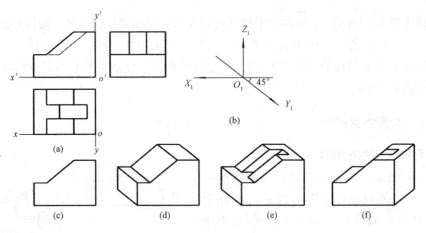

图 4-9 形体的斜二测图的画法

【例 4-5】 画出花格的斜二测图，其 V 面、W 面投影如图 4-10(a)所示。

图 4-10 花格的斜二测图的画法

解 (1) 选择坐标原点 O，如图 4-10(a)所示，轴测轴如图 4-10(b)所示。

(2) 将 $X_1O_1Z_1$ 面上的图形如实照画，然后过各点引 Y_1 方向的平行线，并在其上量取实长的一半($q=0.5$)，连接各点成线。

(3) 擦去多余线，加深图线即得所求，如图 4-10(c)所示。

【例 4-6】 画出形体的斜二测图，其 V 面、H 面投影如图 4-11(a)所示。

解 为充分反映形体的特征，可根据需要选择适当的投影方向。图 4-11(b)所示就是形体四种不同投影方向的斜二测投影。具体作图时，除坐标原点 O 选择的位置不同外，其他画法均不变。

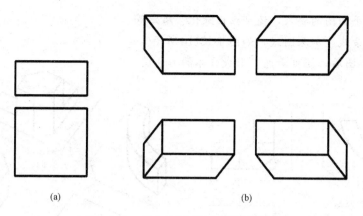

图 4-11 长方体的不同视角的选择

4.3.2 水平斜轴测图

1. 水平斜轴测图的形成

当坐标面 XOY(形体的水平面)平行于轴测投影面,而投影方向倾斜于轴测投影面时所得到的投影,称为水平斜轴测投影。由该投影所得到的图就是水平斜轴测图。

(1)轴测轴。由于 OX、OY 轴都平行于轴测投影面,其投影不发生变形。所以 $\angle X_1 O_1 Y_1 = 90°$,OZ 轴的投影为一斜线,一般取 $\angle X_1 O_1 Z_1$ 为 $120°$,如图 4-12(a)所示。为符合视觉习惯,常将 $O_1 Z_1$ 轴取为竖直线,这就相当于整个坐标逆时针旋转了 $30°$,如图 4-12(b)所示。

(2)伸缩系数:$p = q = r = 1$。

水平斜轴测图通常用作小区规划的表现图。

图 4-12 水平斜轴测的轴间角

2. 水平斜轴测图的画法

【例 4-7】 已知一小区的总平面图,如图 4-13(a)所示,作其水平斜轴测图。

解 (1)将 X 轴旋转,使其与水平线成 $30°$。

(2)按比例画出总平面图的水平斜轴测图。

(3)在水平斜轴测图的基础上,根据已知的各幢房屋的设计高度按同一比例画出各幢房屋。

(4)根据总平面图的要求,还可画出绿化、道路等。
(5)擦去多余线,加深图线,如图4-13(b)所示。
完成上述作图后,还可着色,形成立体的彩色图。

图4-13 小区的水平斜轴测图
(a)总平面图;(b)水平斜轴测图

4.4 坐标圆的轴测图

在正等测投影中,当圆平面平行于某一轴测投影面时,其投影为椭圆,如图4-14所示。其椭圆的画法可采用八点法和四心法。

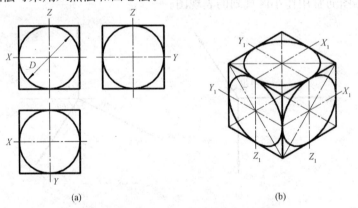

图4-14 水平、正平、侧平圆的正等测图
(a)正投影图;(b)正等测图

4.4.1 八点法

1. 八点法的画法

下面以水平圆为例[图4-15(a)],介绍八点法画其正等测图。
八点法的具体画法如下:

(1)作出正投影圆的外切正方形 $ABCD$ 及对角线,得八个点,其中1、3、5、7四个点为切点;2、4、6、8四个点为对角线上的点,这四个点恰好在圆半径与1/2对角线之比为$1:\sqrt{2}$的位置上,如图 4-15(b)所示。

(2)作圆的外切正方形及对角线的正等测投影,如图 4-15(c)所示。

(3)过 O_1 点作两条分别平行于四边形两个方向的直径,得四个切点 1_1、3_1、5_1、7_1。

(4)根据平行投影中比例不变的原则,在四边形一外边作一辅助直角等腰三角形,得$1:\sqrt{2}$两点 e_1、f_1。然后过这两点作外边的平行线,得 2_1、4_1、6_1、8_1 四个点,如图 4-15(d)所示。

(5)光滑连接这八个点,即得所求圆的正等测投影图,如图 4-15(e)所示。

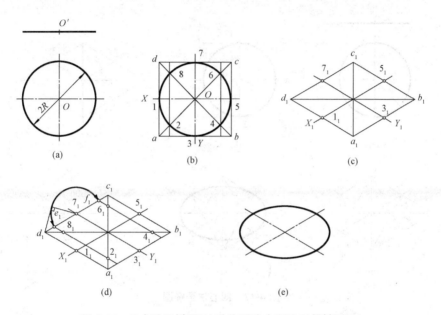

图 4-15　八点法画椭圆(这种作图法也适用于斜轴测图)

2. 八点法的应用

【例 4-8】　试根据圆锥台的正投影图画出其正等测图,如图 4-16(a)所示。

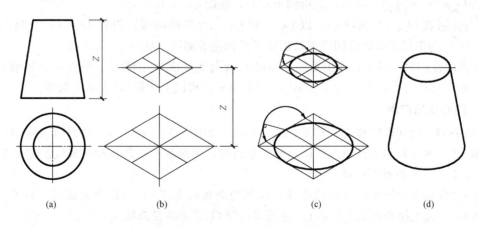

图 4-16　圆锥台的正等测图的画法

解 (1)根据圆锥台的高Z画出其上、下底圆的外切四边形的正等测图,如图4-16(b)所示。

(2)用八点法画出上、下底圆的正等测投影图,如图4-16(c)所示。

(3)作上、下两椭圆的公切线(外轮廓线),擦掉不可见线,即得所求,如图4-16(d)所示。

4.4.2 四心法

1. 四心法的画法

以水平圆为例,如图4-17(a)所示。利用四心法画其正等测图的具体步骤如下:

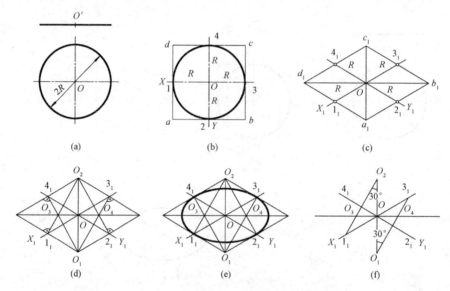

图4-17 四心法画椭圆

(1)作圆的外切正方形及对角线和过圆心O的中心线,并作它的正等测图,如图4-17(b)、(c)所示。

(2)以短边对角线上的两顶点a_1、c_1为两个圆心O_1、O_2,以O_14_1、O_13_1与长边对角线的交点O_3、O_4为另两个圆心,求得四个圆心,如图4-17(d)所示。

(3)分别以O_1、O_2为圆心,以O_14_1和O_22_1为半径画弧,再以O_3、O_4为圆心,以O_34_1、O_43_1为半径画弧,这四段弧就形成了圆的正等测图,如图4-17(e)所示。

在实际作图时,可不必画出菱形,即过1_1作与短轴成30°的直线,它交长、短轴于O_3、O_2,利用对称性可求得O_4、O_1,如图4-17(f)所示,再以上述第(3)步画出椭圆。

2. 四心法的应用

【**例4-9**】 已知带圆角的L形平板的正投影,如图4-18(a)所示,画出其正等测图。

解 (1)画出L形平板矩形外轮廓的正等测图,由圆弧半径R在相应棱线上定出各切点1_1、2_1、3_1、4_1,如图4-18(b)所示。

(2)过各切点分别作该棱线的垂线,相邻两垂线的交点O_1、O_2即为圆心。以O_1为圆心,以O_11_1为半径画弧1_12_1;以O_2为圆心,以O_23_1为半径画弧3_14_1。

(3)用平移法将各点(圆心、切点)向下和向后移h厚度,得圆心K_1点、K_2点和各切点。

(4) 以 K_1、K_2 为圆心，仍以 O_11_1、O_23_1 为半径就可画出下底面和背面圆弧的轴测图（上底面、前面圆弧的平行线），如图 4-18(c) 所示。

(5) 作右侧前边和上边两小圆弧的公切线，擦去多余图线，加深可见图线，即得所求，如图 4-18(d) 所示。

图 4-18 组合体的正等测投影

▶ 复习思考题

1. 什么是轴测投影？如何分类？
2. 什么是轴间角和轴向伸缩系数？
3. 正等测的轴间角和轴向伸缩系数是多少？
4. 斜等测的轴间角和轴向伸缩系数是多少？
5. 试述正等测、斜二测的应用范围。

任务 5 剖面图和断面图

学习要点

根据形体的正投影图画出形体的剖面图和断面图,并掌握剖面图、断面图的种类、剖切位置,熟记常用建筑材料的剖面符号图例。

任务 5 剖面图和断面图

5.1 剖面图和断面图的用途及形成

形体的正投影图虽能表达清楚物体的外部形状和大小,但形体内部的孔洞以及被外部遮挡的轮廓线则需要用虚线来表示。当物体内部的形状较复杂时,就会在投影中出现很多虚线,且虚线相互重叠或交叉,既不便看图,又不利于标注尺寸,而且难以表达出物体的材料。但是剖面图和断面图可以反映出物体内部的构造,方便标注内部尺寸,且可展示出物体的材料组成,正好弥补正投影图的不足。

如图 5-1 所示的钢筋混凝土杯形基础,其 V 面投影中就出现了表达其杯形空洞的虚线。为此,假想用一个剖切平面 P 沿前后对称平面将其剖开,如图 5-2(a)所示,把位于观察者和剖切平面之间的部分移去,而将剩余部分向与 P 所平行的投影面进行投影,所得的图就称为剖面图,如图 5-2(b)所示。

当剖切平面剖开物体后,其剖切平面与物体的截交线所围成的平面图形,就称为断面(或截面)。如果只把这个断面向与 P 所平行的投影面进行投影,所得的图则称为断面图,如图 5-2(c)所示。

图 5-1 杯形基础的投影图

图 5-2 杯形基础的剖面图和断面图
(a)剖切情况；(b)剖面图；(c)断面图

5.2 剖面图的画法及分类

5.2.1 剖面图的画法

1. 确定剖切平面的位置

一般形体的剖切位置应尽量通过形体的孔洞、槽的中心线；对称形体的剖切位置则应通过形体的对称线。如要将 V 面投影画成剖面图，则剖切平面应平行于 V 面；如果要将 H 面投影或 W 面投影画成剖面图，则剖切平面应分别平行于 H 面或 W 面。

2. 绘制剖面图的图线及图例

如图 5-2(b)所示，物体被剖切后所形成的断面轮廓线，用粗实线画出；物体未剖到部分的投影轮廓线，用细实线画出；看不见的虚线，原则上不再画出。

为使物体被剖到部分与未剖到部分区别开来，使图形清晰可辨，应在断面轮廓范围内画上表示其材料种类的图例。材料的图例应符合《房屋建筑制图统一标准》(GB/T 50001—2010)的规定，常用的建筑材料图例见表 5-1。

表 5-1 常用建筑材料图例(摘自 GB/T 50001—2010)

序号	名称	图 例	备 注
1	自然土壤		包括各种自然土壤
2	夯实土壤		—
3	砂、灰土		—
4	砂砾石、碎砖三合土		—

续表

序号	名称	图例	备注
5	石材		—
6	毛石		—
7	普通砖		包括实心砖、多孔砖、砌块等砌体。断面较窄不易绘出图例线时，可涂红，并在图纸备注中加注说明，画出该材料图例
8	耐火砖		包括耐酸砖等砌体
9	空心砖		指非承重砖砌体
10	饰面砖		包括铺地砖、陶瓷锦砖、人造大理石等
11	焦渣、矿渣		包括与水泥、石灰等混合而成的材料
12	混凝土		1. 本图例指能承重的混凝土及钢筋混凝土；
13	钢筋混凝土		2. 包括各种强度等级、集料、添加剂的混凝土； 3. 在剖面图上画出钢筋时，不画图例线； 4. 断面图形小，不易画出图例线时，可涂黑
14	多孔材料		包括水泥珍珠岩、沥青珍珠岩、泡沫混凝土、非承重加气混凝土、软木、蛭石制品等
15	纤维材料		包括矿棉、岩棉、玻璃棉、麻丝、木丝板、纤维板等
16	泡沫塑料材料		包括聚苯乙烯、聚乙烯、聚氨酯等多孔聚合物类材料
17	木材		1. 上图为横断面，左上图为垫木、木砖或木龙骨； 2. 下图为纵断面
18	胶合板		应注明为×层胶合板
19	石膏板		包括圆孔、方孔石膏板、防水石膏板、硅钙板、防火板等

续表

序号	名称	图例	备注
20	金属		1. 包括各种金属； 2. 图形小时，可涂黑
21	网状材料		1. 包括金属、塑料网状材料； 2. 应注明具体材料名称
22	液体		应注明具体液体名称
23	玻璃		包括平板玻璃、磨砂玻璃、夹丝玻璃、钢化玻璃、中空玻璃、夹层玻璃、镀膜玻璃等
24	橡胶		—
25	塑料		包括各种软、硬塑料及有机玻璃等
26	防水材料		构造层次多或比例大时，采用上面图例
27	粉刷		本图例采用较稀的点

注：序号1、2、5、7、8、13、14、16、17、18图例中的斜线、短斜线、交叉斜线等均为45°。

绘制剖面图的图线及图例应注意以下几点：

(1)图例线应间隔均匀、疏密适度。两条相互平等的图例线，其净间隙或线中间隙不宜小于0.2 mm。

(2)两个相同的图例相接时，图例线宜错开或使倾斜方向相反，如图5-3(a)、(b)所示。

(3)不同品种的同类材料使用同一图例时，应在图上附加必要的说明，如图5-3(c)所示。

图 5-3 图例的画法

(4)当需画出的建筑材料图例过大时，可在断面轮廓线内，沿轮廓线作局部表示，如图 5-3(d)所示。

(5)当不必指明材料种类时，应在断面轮廓范围内用细实线画上 45°的剖面线，同一物体的剖面线应方向一致、间距相等。

(6)当一张图纸内的图样只用一种图例或图形较小无法画出建筑材料图例时，这两种情况可以不加图例，但是要加以文字说明。

3. 标注剖面图

为了看图时便于了解剖切位置和投影方向，寻找投影的对应关系，还应对剖面图进行剖面标注。

(1)剖切符号的标注。剖面的剖切符号应由剖切位置线及剖视方向线组成，均应以粗实线绘制。剖切位置线的长度为 6～10 mm；剖视方向线应垂直于剖切位置线，长度应短于剖切位置线，宜为 4～6 mm；需要转折的剖切位置线，应在转角的外侧加注与该符号相同的编号，如图 5-4 所示。

绘图时，剖面剖切符号不应与图面上的图线相接触。

图 5-4 剖切符号

(2)剖切符号的编号。在剖视方向线的端部宜按顺序由左至右、由下至上用阿拉伯数字编排注写剖面编号，并在剖面图的下方正中分别注写 1—1 剖面图、2—2 剖面图、3—3 剖面图等，以表示图名。图名下方还应画上粗实线，粗实线的长度与图名字体的长度相等。

必须指出：剖切平面是假想的，其目的是表达出物体内部形状，故除了剖面图和断面图外，其他各投影图均按原来未剖时画出。

另外，对通过物体对称平面的剖切位置，或习惯使用的位置，或按基本视图的排列位置，则可以不注写图名，也无须进行剖面标注，如图 5-5 所示。

图 5-5 无须进行剖面标注的情况

5.2.2 剖面图的分类

1. 全剖面图

用一个剖切平面将物体全部剖开得到的剖面图为全剖面图。如图 5-6 所示为洗涤盆的投影及剖面图，从图中可知，物体外形比较简单，但内部有圆孔，故剖切平面沿洗涤盆圆孔的前后、左右对称平面且分别平行于 V 面和 W 面把它全部剖开,然后分别向 V 面和 W 面进行投影,即可得到如图 5-6 所示的 1—1、2—2 剖面图。

图 5-6 所示为将 V 面和 W 面投影取剖面后,用剖面图代替原 V 面投影和 W 面投影,并安放在它们的相应位置,此时不必进行标注。

应当注意:图 5-6 中洗涤盆的上部为钢筋混凝土盆,下部为砖墩,剖切后虽属同一剖切平面,但因其材料不同,故在材料图例分界处要用粗实线分开。

图 5-6 洗涤盆的投影及剖面图

2. 半剖面图

用两个相互垂直的剖切平面把物体剖开一半(剖至对称面止,拿去物体的 1/4)得到的剖面图为半剖面图。当物体的内部和外部均需表达,且具有对称平面时,其投影以对称线为界,一半画外形,另一半画成剖面图,这样得到的图称为半剖面图。如图 5-7 所示,由于物体内部的矩形坑的深度难以从投影图中确定,且该物体前后、左右对称,故可采用半剖面图来表示。如图 5-8 所示,画出半个 V 面投影和半个 W 面投影以表示物体的外形,再配上相应的半个剖面,即可知内部矩形坑的深度。

图 5-7 物体的投影图

图 5-8 物体的半剖面图

必须指出,在半剖面图中,如果物体的对称线是竖直方向,则剖面部分应画在对称线的右边;如果物体的对称线是水平方向,则剖面部分应画在对称线的下边。另外,在半剖面图中,因内部情况已由剖面图表达清楚,故表示外形的那半边一律不画虚线,只是在某部分形状还不能确定时,才画出必要的虚线。半剖面图的剖切符号一律不标注。

半剖面图也可以理解为假想把物体剖去四分之一后画出的投影图,但外形与剖面的分界线应用对称线画出,如图5-9所示。

图 5-9 物体被剖去四分之一后的轴测图

3. 阶梯剖面图

当用一个剖切平面不能将物体需要表达的内部都剖到时,可以将剖切平面直角转折成相互平行的两个或两个以上平行的剖切平面,由此得到的图就称为阶梯剖面图。

如图5-10所示,双面清洗池内部有三个圆柱孔,如果用一个与V面平行的平面剖切,只能剖到一个孔。故将剖切平面按图5-10所示H面投影中的直角转折成两个均平行于V面的剖切平面,分别通过大小圆柱孔,从而画出剖面图。图5-10所示的1—1剖面图就是阶梯剖面图。

画阶梯剖面图时,在剖切平面的起始及转折处,均要用粗短线表示剖切位置和投影方向,同时注上剖面名称。不与其他图线混淆时,直角转

1—1剖面图

图 5-10 双面清洗池的剖面图

折处可以不注写编号。另外,由于剖切面是假想的,因此,两个剖切面的转折处不应画分界线。

4. 旋转剖面图

用两个或两个以上相交的剖切面(剖切面的交线应垂直于某投影面)剖切物体后,将倾斜于投影面的剖面绕其交线旋转展开到与投影面平行的位置,这样所得的剖面图就称为旋转剖面图(或展开剖面图)。用此法剖切时,应在剖面图的图名后加注"展开"字样。

如图 5-11 所示,检查井的两圆柱孔的轴线互成 135°角,若采用铅垂的两剖切平面并按图中 H 面投影所示的剖切线位置将其剖开,此时左边剖面与 V 面平行,而右边与 V 面倾斜的剖面就绕两剖切平面的交线旋转展开至与 V 面平行的位置,然后向 V 面投影画出的图,即为该检查井的旋转剖面图。

画旋转剖画图时,应在剖切平面的起始及相交处用粗短线表示剖切位置,用垂直于剖切线的粗短线表示投影方向。

图 5-11 检查井的剖面图

5. 分层剖切剖面图

为了表示建筑物局部的构造层次并保留其部分外形,可局部分层剖切,由此而得的图称为分层剖切剖面图。如图 5-12 所示,将杯形基础的 H 面投影局部剖开画成剖面图,以显示基础内部的钢筋配置情况。画这种剖面图时,其外形与剖面图之间应用波浪线分界,剖切范围根据需要而定。

图 5-13 所示为在墙体中预埋的管道固定支架的分层剖切剖面图,图中只将其固定支架的局部剖开画成剖面图,以表示支架埋入墙体的深度及砂浆的灌注情况。

图 5-12 杯形基础的分层剖切剖面图

图 5-13 墙体中固定支架处的分层剖切剖面图

图 5-14 所示为板条抹灰隔墙的分层剖切剖面图,以表示各层所用材料及做法。

图 5-14 板条抹灰隔墙面的分层剖切剖面图

5.3 断面图的画法及分类

当剖切平面剖开物体后,其剖切平面与物体的截交线所围成的截断面,就称为断面。如果只画出该断面的实形投影,则称为断面图。

5.3.1 断面图的画法

断面图的画法如下:

(1)标注剖切符号。断面的剖切符号只用剖切位置线表示,并以粗实线绘制,长度为 6~10 mm。

(2)注写剖切符号的编号。断面剖切符号的编号,宜采用阿拉伯数字,按顺序连续编排,并注写在剖切位置线的一侧,编号所在的一侧即为该断面的剖视方向。

(3)注写图名。断面图的正下方只注写断面编号以表示图名,如 1—1、2—2 等,并在编号数字下面画一粗短线,而省去"断面图"三个字。

(4)断面图的剖面线及材料图例的画法与剖面图相同。

5.3.2 断面图与剖面图的区别

断面图与剖面图的区别在于:断面图只需画出物体被剖后的断面图形,至于剖切后沿投影方向能见到的其他部分,则不必画出。显然,剖面图包含了断面图,而断面图则是剖面图的一部分。另外,断面的剖切位置线的外端,不用与剖切位置线垂直的粗短线来表示投影方向,而用断面编号数字的注写位置来表示。图 5-15 所示为钢筋混凝土楼梯的梯板断面图,1—1 断面的编号注写在剖切位置线的右侧,则表示剖切后向右方投影。

5.3.3 断面图的种类

断面图主要用于表达形体或构件的断面形状,根据其安放位置不同,一般可分为移出断面图、重合断面图和中断断面图三种形式。

1. 移出断面图

将断面图画在投影图之外的称为移出断面图。当一个物体有多个断面图时,应将各

图 5-15 钢筋混凝土楼梯的梯板断面图

断面图按顺序依次整齐地排列在投影图的附近。根据需要，断面图可用较大的比例画出，图 5-16 所示即为放大了的预制钢筋混凝土柱的移出断面图。

图 5-16 预制钢筋混凝土柱及其移出断面图

2. 重合断面图

断面图旋转 90°后重合画在基本投影图上，称为重合断面图。其旋转方向可向上、向下、向左、向右。

图 5-17 所示为墙面装饰线脚的重合断面图。其中图 5-17(a)是将被剖切的断面向下旋转 90°而成；图 5-17(b)是将被剖切的断面向左旋转 90°而成。画重合断面图时，其比例应与基本投影图相同，且可省去剖切位置线和编号。另外，为了使断面轮廓线区别于投影轮廓线，断面轮廓线应以粗实线绘制，而投影轮廓线则以中粗实线绘制。

图 5-17　墙面装饰线脚的重合断面图

3. 中断断面图

断面图画在构件投影图的中断处，称为中断断面图。它主要适用于一些较长且均匀变化的单一构件。图 5-18 所示为角钢的中断断面图，其画法是在构件投影图的某一处用折断线断开，然后将断面图画在当中。

图 5-18　角钢的中断断面图

画中断断面图时，原投影长度可缩短，但尺寸应完整地标注。画图的比例、线型与重合断面图相同，也无须标注剖切位置线和编号。

▶复习思考题

1. 如何标注剖面图的剖切符号？
2. 剖面图有哪几类？它们分别有何特点？
3. 如何标注断面图的剖切符号？
4. 断面图有哪几类？分别有何特点？
5. 剖面图与断面图的区别有哪些？

任务6　建筑施工图的阅读与绘制

学习要点

建筑施工图的内容包括组成建筑施工图的总平面图、各层平面图、立面图、剖面图及详图的形成、用途、比例、线型、图例、尺寸标注等要求和绘图方法。重点应掌握识读和绘制建筑施工图的方法和技巧。

6.1　房屋建筑施工图概述

建筑施工图的阅读与绘制

6.1.1　房屋的组成及房屋建筑施工图的分类

1. 房屋的组成

虽然各种房屋的使用要求、空间组合、外形处理、结构形式和规模大小等各有不同，但基本上是由基础、墙、柱、楼面、屋面、门窗、楼梯以及台阶、散水、阳台、走廊、天沟、雨水管、勒脚、踢脚板等组成。如图6-1和图6-2所示为一幢三层的小别墅住宅。

图6-1　房屋的组成（一）

基础起着承受和传递荷载的作用；屋顶、外墙、雨篷等起着隔热、保温、避风、遮雨的作用；屋面、天沟、雨水管、散水等起着排水的作用；台阶、门、走廊、楼梯起着沟通房屋内外、上下交通联系的作用；窗则主要用于采光和通风；墙裙、勒脚、踢脚板等起着保护墙身的作用。

图 6-2 房屋的组成(二)

2. 房屋建筑施工图的分类

在工程建设中,首先要进行规划、设计并绘制成图,然后照图施工。

遵照建筑制图标准和建筑专业的习惯画法绘制建筑物的多面正投影图,并注写尺寸和文字说明的图样称为建筑图。

建筑图包括建筑物的方案图、初步设计图(简称初设图)和扩大初步设计图(简称扩初图)以及施工图。

施工图根据其内容和专业工种的不同,分为以下三种:

(1)建筑施工图(简称建施图)。建筑施工图主要用来表示建筑物的规划位置、外部造型、内部各房间的布置、内外装修、构造及施工要求等。它的内容主要包括施工图首页、总平面图、各层平面图、立面图、剖面图及详图。

(2)结构施工图(简称结施图)。结构施工图主要用来表示建筑物承重结构的结构类型、结构布置、构件种类、数量、大小及做法。它的内容包括结构设计说明、结构平面布置图及构件详图。

(3)设备施工图(简称设施图)。设备施工图主要用来表达建筑物的给水排水、暖气通风、供电照明、燃气等设备的布置和施工要求等。它主要包括各种设备的布置图、系统图和详图等内容。

本章主要讲述建筑施工图的相关内容。

6.1.2 模数协调

为使建筑物的设计、施工、建材生产以及使用单位和管理机构之间容易协调,用标准化的方法使建筑制品、建筑构配件和组合件实现工业化规模生产,从而加快设计速度,提高施工质量及效率，改善建筑物的经济效益，进一步提高建筑工业化水平，国家颁布了中华人民共和国国家标准《建筑模数协调标准》(GB/T 50002—2013)。

模数协调使符合模数的构配件、组合件能用于不同地区、不同类型的建筑物中，促使不同材料、形式和不同制造方法的建筑构配件、组合件有较大的通用性和互换性。在建筑设计中能简化设计图的绘制，在施工中能使建筑物及其构配件和组合件的放线、定位和组合等更有规律、更趋统一和协调，从而便于施工。

模数是选定的尺寸单位，作为尺度协调的增值单位。模数协调选用的基本尺寸单位，叫基本模数。基本模数的数值为 100 mm，其符号为 M，即 M=100 mm。整个建筑物和建筑物的一部分以及建筑组合件的模数化尺寸，应是基本模数的倍数。模数协调标准选定的扩大模数和分模数称为导出模数，导出模数是基本模数的整倍数和分数。

扩大模数应符合基数为 2M、3M、6M、12M……的规定，其相应的尺寸分别为 200、300、600、1 200……。

分模数应符合基数为 M/10、M/5、M/2 的规定，其相应的尺寸分别为 10、20、50。

建筑物的开间或柱距，进深或跨度，梁、板、隔墙和门窗洞口宽度等部分的截面尺寸宜采用水平基本模数和水平扩大模数数列，且水平扩大模数数列宜采用 $2n$M、$3n$M（n 为自然数）。

建筑物的高度、层高和门窗洞口高度等宜采用竖向基本模数和竖向扩大模数数列，且竖向扩大模数数列宜采用 nM。

构造节点和分部件的接口尺寸等宜采用分模数数列，且分模数数列宜采用 M/10、M/5、M/2。

6.1.3 砖墙及砖的规格

目前在我国房屋建筑中的墙身，如为框架结构，墙体多以加气混凝土砌块和水泥空心砖及页岩空心砖砌筑。其墙体厚度一般为 100 mm、150 mm、200 mm、250 mm 和 300 mm。如为墙体承重结构，墙体多以砖墙为主，另外有石墙、混凝土墙、砌块墙等。砖墙的尺寸与砖的规格有密切联系。墙体承重结构中墙身采用的砖，不论是黏土砖、页岩砖、灰砂砖，当其尺寸为 240 mm×115 mm×53 mm 时，这种砖称为标准砖。采用标准砖砌筑的墙体厚度的标志尺寸为 120(半砖墙，实际厚度 115 mm)、240(一砖墙，实际厚度 240 mm)、370(一砖半墙，实际厚度 365 mm)、490(二砖墙，实际厚度 490 mm)等。砖的强度等级是根据 10 块砖抗压强度平均值和标准值划分的，共有六个级别，即 MU30、MU25、MU20、MU15、MU10 和 MU7.5(图 6-3)。

砌筑砖墙的黏结材料为砂浆，根据砂浆的材料不同，分为石灰砂浆（石灰、砂）、混合砂浆（石灰、水泥、砂）、水泥砂浆（水泥、砂）。砂浆的抗压强度等级有 M1.0、M2.5、M5.0、M7.5、M10 五个等级。

在混合结构及钢筋混凝土结构的建筑物中，还常涉及混凝土的抗压强度等级，混凝土的抗压强度等级分为十二级，即 C7.5、C10、C15、C20、C25、C30、C35、C40、C45、C50、C55、C60。

6.1.4 标准图与标准图集

为了加快设计与施工的速度，提高设计与施工的质量，把各种常用的、大量性的房屋

图 6-3 标准砖及砖墙厚度
(a)标准砖尺寸；(b)全顺式(120 墙实厚 115 mm)；
(c)两平一侧(180 墙实厚 178 mm)；(d)一顺一丁(240 墙实厚 240 mm)；
(e)三顺一丁(240 墙实厚 240 mm)；(f)十字式(240 墙实厚 240 mm)；
(g)一顺一丁(370 墙实厚 365 mm)

建筑及建筑构配件，按国家标准规定的统一模数，根据不同的规格标准，设计编出成套的施工图，以供选用。这种图样叫作标准图或通用图。将其装订成册即为标准图集。标准图集的使用范围限制在图集批准单位所在的地区。

标准图有两种，一种是整幢房屋的标准设计(定型设计)；另一种是目前大量使用的建筑构配件标准图集。建筑标准图集的代号常用"建"或字母"J"表示。如国家建筑标准设计图集《小城镇住宅通用(示范)设计》，重庆地区代号为"05SJ917－8"。西南地区(云、贵、川、渝、藏)《刚性、卷材、涂膜防水及隔热屋面构造图集》代号为"西南03J201—1"。山东省06系列山东省建筑标准图集《建筑工程做法》图集编号为L06J002。

结构标准图集的代号常用"结"或字母"G"表示。如国家建筑标准设计图集《混凝土结构施工图平面整体表示方法制图规则和构造详图(现浇混凝土框架、剪力墙、梁、板)》代号为"16G101－1"。四川省《空心板图集》代号为"川G202"。福建省建筑标准设计《人工挖孔灌注桩DBJT13—63》代号为"闽2004G107"等。

6.2 建筑施工图设计总说明及总平面图

6.2.1 建筑施工图设计总说明

建筑施工图设计总说明有如下主要内容：
(1)图纸目录：包含采用的标准图目录。
(2)工程室内外装修做法表：地面、内外墙面、天棚、踢脚、屋面等做法及材料，包含面层装饰材料，防水、保温节能材料。
(3)工程概况：包括工程名称、建筑使用功能、建筑面积、层数、总高、结构形式、合理使用年限、耐火等级、屋面和地下室防水等级。
(4)门窗统计表：门窗的种类、高度、宽度、数量。

6.2.2 总平面图的用途

在画有等高线或坐标方格网的地形图上，加画上新设计的乃至将来拟建的房屋、道路、绿化(必要时还可画出各种设备管线布置以及地表水排放情况)并标明建筑基地方位及风向的图样，便是总平面图，如图 6-4 所示。

总平面图是用来表示整个建筑基地的总体布局，包括新建房屋的位置、朝向以及周围环境(如原有建筑物、交通道路、绿化、地形、风向等)的情况。总平面图是新建房屋定位、放线以及布置施工现场的依据。

6.2.3 总平面图的比例

由于总平面图包括地区较大，中华人民共和国国家标准《总图制图标准》(GB/T 50103—2010)规定：总平面图的比例应用 1∶500、1∶1 000、1∶2 000 来绘制。在实际工程中，由于国土局以及有关单位提供的地形图常为 1∶500 的比例，故总平面图常用 1∶500 的比例绘制。

6.2.4 总平面图的图例

由于总平面图的比例较小，故总平面图上的房屋、道路、桥梁、绿化等都用图例表示。表 6-1 列出的为《总图制图标准》(GB/T 50103—2010)规定的总图图例(以图形规定的画法称为图例)。在较复杂的总平面图中，如用了一些《总图制图标准》(GB/T 50103—2010)上没有的图例，应在图纸的适当位置加以说明。总平面图常画在有等高线和坐标网格的地形图上，地形图上的坐标称为测量坐标，是用与地形图相同比例画出的 50 m×50 m 或 100 m×100 m 的方格网。此方格网的竖轴用 X 表示，横轴用 Y 表示。一般房屋的定位应注其三个角的坐标，如果建筑物、构筑物的外墙与坐标轴线平行，可标注其对角坐标。

新建房屋的朝向(对整个房屋而言，指主要出入口所在墙面所面对的方向；对一般房间而言，则指主要开窗面所面对的方向)与风向，可在图纸的适当位置绘制指北针或风向频率玫瑰图(简称"风玫瑰")来表示，指北针应按中华人民共和国国家标准《房屋建筑制图统一标准》(GB/T 50001—2017)规定绘制，如图 6-5 所示，指针方向为北向，圆用细实线，直径为

24 mm，指针尾部宽度为 3 mm，指针针尖处应注写"北"或"N"字。如需用较大直径绘制指北针，指针尾部宽度宜为直径的 1/8。

　　风向频率玫瑰图在 8 个或 16 个方位线上用端点与中心的距离，代表当地这一风向在一年中发生的频率，粗实线表示全年风向，细虚线范围表示夏季风向。风向由各方位吹向中心，风向线最长者为主导风向，如图 6-6 所示。

总平面图　1:500

图 6-4　总平面图

图 6-5 指北针　　　　　图 6-6 风向频率玫瑰图

表 6-1　总平面图图例(摘自 GB/T 50103—2010)

序号	名称	图例	备注
1	新建建筑物	① 12F/2D　H=59.00 m	新建建筑物以粗实线表示与室外地坪相接处±0.000外墙定位轮廓线。 建筑物一般以±0.000高度处的外墙定位轴线交叉点坐标定位。轴线用细实线表示，并标明轴线号。 根据不同设计阶段标注建筑编号，地上、地下层数，建筑高度，建筑出入口位置(两种表示方法均可，但同一图纸采用一种表示方法)。 地下建筑物以粗虚线表示其轮廓。 建筑上部(±0.000以上)外挑建筑用细实线表示。 建筑物上部连廊用细虚线表示并标注位置
2	原有建筑物		用细实线表示
3	计划扩建的预留地或建筑物		用中粗虚线表示
4	拆除的建筑物		用细实线表示
5	建筑物下面的通道		—
6	散状材料露天堆场		需要时可注明材料名称

续表

序号	名称	图例	备注
7	其他材料露天堆场或露天作业场		需要时可注明材料名称
8	铺砌场地		—
9	烟囱		实线为烟囱下部直径，虚线为基础，必要时可注写烟囱高度和上、下口直径
10	台阶及无障碍坡道	1. 2.	1. 表示台阶(级数仅为示意)； 2. 表示无障碍坡道
11	围墙及大门		—
12	挡土墙	5.00 / 1.50	挡土墙根据不同设计阶段的需要标注 墙顶标高 墙底标高
13	挡土墙上设围墙		—
14	坐标	1. $X=105.00$ $Y=425.00$ 2. $A=105.00$ $B=425.00$	1. 表示地形测量坐标系； 2. 表示自设坐标系： 坐标数字平行于建筑标注
15	填挖边坡		—
16	雨水口	1. 2. 3.	1. 雨水口； 2. 原有雨水口； 3. 双落式雨水口
17	消火栓井		
18	室内地坪标高	151.00 (±0.00)	数字平行于建筑物书写
19	室外地坪标高	▼ 143.00	室外标高也可采用等高线
20	地下车库入口		机动车停车场

6.2.5 总平面图的尺寸标注

总平面图上的尺寸应标注新建房屋的总长、总宽以及与周围房屋或道路的间距，尺寸以 m 为单位，标注到小数点后两位。新建房屋的层数在房屋图形右上角用点数或数字表示。

一般低层、多层用点数表示层数，高层用数字表示；如果为群体建筑，也可统一用点数或数字表示。

新建房屋的室内地坪标高为绝对标高(以我国青岛市外黄海海平面为±0.000的标高)，这也是相对标高(以某建筑物底层室内地坪为±0.000的标高)的零点。标高符号的规格及画法如图1-31所示。室外整平标高采用全部涂黑的等腰三角形"▼"表示，大小形状同标高符号。总平面图上标高单位为"m"，标到小数点后两位。

图6-4所示为某县技术质量监督局办公楼及职工住宅所建地的总平面图。从图中可以看出，整个基地平面很规则，南边是规划的城市主干道，西边是规划的城市次干道，东边和北边是其他单位建筑用地。新建办公楼位于整个基地的中部，其建筑的定位已用地形测量坐标标出了三个角点的坐标，其朝向可根据指北针判断为坐北朝南，新建办公楼的南边是入口广场，北边是停车场及学员宿舍，东边和西边都布置有较好的绿地，使整个环境开敞、空透，形成较好的绿化景观。用粗实线画出的新建办公楼共3层，总长28.80 m，总宽16.50 m，距东边环形通道12.50 m，距南边环形通道2.00 m。新建办公楼的室内整平标高为332.45 m，室外整平标高为332.00 m。从图中还可以看到，紧靠新建办公楼的北偏东方向停车场边有一需拆除的建筑。基地北边用粗实线画出的是即将新建的一个单元的职工住宅，该新建的职工住宅共6+1层(顶上两层为跃层)，总长25.50 m，总宽12.60 m，距北边建筑红线10.00 m，距东边建筑红线8.50 m，距南边小区道路5.50 m。新建的职工住宅的室内整平标高为335.00 m，室外整平标高为334.00 m。而在即将新建的两个单元的职工住宅西边准备再拼建一个单元的职工住宅，故在此用虚线来表示拟建建筑。

在实际施工图上，往往会在图纸的一角用表格的方式来说明整个建筑基地的经济技术指标。主要的经济技术指标如下：

(1)总用地面积；
(2)总建筑面积(可分别包含地上建筑面积、地下建筑面积，或分为居住建筑面积、公共建筑面积)；
(3)总户数；
(4)总停车位；
(5)容积率：总建筑面积÷总用地面积×100%；
(6)绿地率：总绿地面积÷总用地面积×100%；
(7)覆盖率(建筑密度)：总建筑投影面积÷总用地面积×100%。

6.2.6 总平面图的读图要点

总平面图的识读应注意以下几点：
(1)图名、比例；
(2)新建工程项目名称、位置、层数、指北针、风玫瑰、朝向、建筑室内外绝对标高；
(3)新建的道路的布置以及宽度和坡度、坡向、坡长，绿化场地、管线的布置；
(4)新建建筑的总长和总宽；
(5)原有建筑的位置、层数与新建建筑的关系；
(6)周围的地形地貌；
(7)定位放线依据(坐标)；
(8)主要的经济技术指标。

6.3 建筑平面图

6.3.1 建筑平面图的用途

建筑平面图是指用以表达房屋建筑的平面形状，房间布置，内外交通联系，以及墙、柱、门窗等构配件的位置、尺寸、材料和做法等内容的图样。建筑平面图简称"平面图"。

平面图是建筑施工图的主要图样之一，是施工过程中，房屋的定位放线、砌墙、设备安装、装修及编制概预算、备料等的重要依据。

6.3.2 建筑平面图的形成

建筑平面图的形成通常是假想用一水平剖切面经过门窗洞口将房屋剖开，移去剖切平面以上的部分，将余下部分用直接正投影法投影到 H 面上而得到的正投影图，即平面图实际上是剖切位置位于门窗洞口处的水平剖面图(图 6-7)。

图 6-7 平面图的形成

6.3.3 建筑平面图的比例及图名

1. 比例

平面图用 1∶50、1∶100、1∶200 的比例绘制，实际工程中常用 1∶100 的比例绘制。

2. 图名

一般情况下，房屋有几层就应画几个平面图，并在图的下方标注相应的图名，如"底层平面图""二层平面图"等。图名下方应加一条粗实线，图名右方标注比例。当房屋中间若干层的平面布局、构造情况完全一致时，则可用一个平面图来表达这些相同布局的若干层，称为标准层平面图。

6.3.4 建筑平面图的图示内容

底层平面图应画出房屋本层相应的水平投影，以及与本栋房屋有关的台阶、花池、散水等的投影(图6-8)；二层平面图除画出房屋二层范围的投影内容之外，还应画出底层平面图无法表达的雨篷、阳台、窗楣等内容，而对于底层平面图上已表达清楚的台阶、花池、散水等内容就不再画出；三层以上的平面图则只需画出本层的投影内容及下一层的窗楣、雨篷等这些下一层无法表达的内容。

图 6-8 平面图

建筑平面图由于比例小，各层平面图中的卫生间、楼梯间、门窗等投影难以详尽表示，便采用中华人民共和国国家标准《建筑制图标准》(GB/T 50104—2010)规定的图例来表达(表6-2)，而相应的详尽情况则另用较大比例的详图来表达。

表 6-2 构造及配件图例(摘自 GB/T 50104—2010)

序号	名称	图例	备注
1	墙体		1. 上图为外墙,下图为内墙; 2. 外墙一侧的细线表示有保温层或有幕墙; 3. 应加注文字或涂色或图案填充表示各种材料的墙体; 4. 在各层平面图中防火墙宜着重以特殊图案填充表示
2	隔断		1. 加注文字或涂色或图案填充表示各种材料的轻质隔断; 2. 适用于到顶与不到顶隔断
3	玻璃幕墙		幕墙龙骨是否表示由项目设计决定
4	栏杆		—
5	楼梯		1. 上图为顶层楼梯平面,中图为中间层楼梯平面,下图为底层楼梯平面; 2. 需设置靠墙扶手或中间扶手时,应在图中表示
6	坡道		长坡道
			上图为两侧垂直的门口坡道,中图为有挡墙的门口坡道,下图为两侧找坡的门口坡道
7	台阶		—
8	平面高差		用于高差小的地面或楼面交接处,并应与门的开启方向协调

续表

序号	名称	图例	备注
9	检查口		左图为可见检查口,右图为不可见检查口
10	孔洞		阴影部分可填充灰度或涂色代替
11	坑槽		—
12	墙预留洞、槽	宽×高或φ 标高 / 宽×高或φ×深 标高	1. 上图为预留洞,下图为预留槽; 2. 平面以洞(槽)中心定位; 3. 标高以洞(槽)底或中心定位; 4. 宜以涂色区别墙体和预留洞(槽)
13	地沟		上图为有盖板地沟,下图为无盖板明沟
14	烟道		1. 阴影部分也可填充灰度或涂色代替; 2. 烟道、风道与墙体为相同材料,其相接处墙身线应连通; 3. 烟道、风道根据需要增加不同材料的内衬
15	风道		
16	新建的墙和窗		—
17	改建时保留的墙和窗		只更换窗,应加粗窗的轮廓线
18	拆除的墙		—

续表

序号	名称	图例	备注
19	改建时在原有墙或楼板新开的洞		—
20	在原有墙或楼板洞旁扩大的洞		图示为洞口向左边扩大
21	在原有墙或楼板上全部填塞的洞		全部填塞的洞； 图中立面填充灰度或涂色
22	在原有墙或楼板上局部填塞的洞		左侧为局部填塞的洞； 图中立面填充灰度或涂色
23	空门洞		h 为门洞高度
24	单面开启单扇门 （包括平开或单面弹簧）		1. 门的名称代号用 M 表示。 2. 平面图中，下为外，上为内。门开启线为90°、60°或45°，开启弧线宜绘出。 3. 立面图中，开启线实线为外开，虚线为内开，开启线交角的一侧为安装合页一侧。开启线在建筑立面图中可不表示，在立面大样图中可根据需要绘出。 4. 剖面图中，左为外，右为内。 5. 附加纱扇应以文字说明，在平、立、剖面图中均不表示。 6. 立面形式应按实际情况绘制
	双面开启单扇门 （包括双面平开或双面弹簧）		
	双层单扇平开门		

续表

序号	名称	图例	备 注
25	单面开启双扇门 （包括平开或单面弹簧）		1. 门的名称代号用 M 表示。 2. 平面图中，下为外，上为内。门开启线为 90°、60°或 45°，开启弧线宜绘出。 3. 立面图中，开启线实线为外开，虚线为内开。开启线交角的一侧为安装合页一侧。开启线在建筑立面图中可不表示，在立面大样图中可根据需要绘出。 4. 剖面图中，左为外，右为内。 5. 附加纱扇应以文字说明，在平、立、剖面图中均不表示。 6. 立面形式应按实际情况绘制
	双面开启双扇门 （包括双面平开或双面弹簧）		
	双层双扇平开门		
26	折叠门		1. 门的名称代号用 M 表示； 2. 平面图中，下为外，上为内； 3. 立面图中，开启线实线为外开，虚线为内开，开启线交角的一侧为安装合页一侧； 4. 剖面图中，左为外，右为内。 5. 立面形式应按实际情况绘制
	推拉折叠门		
27	墙洞外单扇推拉门		1. 门的名称代号用 M 表示； 2. 平面图中，下为外，上为内； 3. 剖面图中，左为外，右为内。 4. 立面形式应按实际情况绘制
	墙洞外双扇推拉门		
	墙中单扇推拉门		1. 门的名称代号用 M 表示； 2. 立面形式应按实际情况绘制
	墙中双扇推拉门		

续表

序号	名称	图例	备注
28	推拉门		1. 门的名称代号用 M 表示。 2. 平面图中，下为外，上为内。门开启线为 90°、60°或 45°。 3. 立面图中，开启线实线为外开，虚线为内开，开启线交角的一侧为安装合页一侧。开启线在建筑立面图中可不表示，在室内设计门窗立面大样图中需绘出。 4. 剖面图中，左为外，右为内。 5. 立面形式应按实际情况绘制
29	门连窗		
30	旋转门		1. 门的名称代号用 M 表示； 2. 立面形式应按实际情况绘制
	两翼智能旋转门		
31	自动门		1. 门的名称代号用 M 表示。 2. 立面形式应按实际情况绘制
32	折叠上翻门		1. 门的名称代号用 M 表示； 2. 平面图中，下为外，上为内； 3. 剖面图中，左为外，右为内； 4. 立面形式应按实际情况绘制
33	提升门		1. 门的名称代号用 M 表示； 2. 立面形式应按实际情况绘制
34	分节提升门		

续表

序号	名称	图例	备注
35	人防单扇防护密闭门		1. 门的名称代号按人防要求表示； 2. 立面形式应按实际情况绘制
	人防单扇密闭门		
36	人防双扇防护密闭门		1. 门的名称代号按人防要求表示； 2. 立面形式应按实际情况绘制
	人防双扇密闭门		
37	横向卷帘门		
	竖向卷帘门		
	单侧双层卷帘门		
	双侧单层卷帘门		

续表

序号	名称	图例	备注
38	固定窗		
39	上悬窗		1. 窗的名称代号用C表示。 2. 平面图中，下为外，上为内。 3. 立面图中，开启线实线为外开，虚线为内开，开启线交角的一侧为安装合页一侧。开启线在建筑立面图中可不表示，在门窗立面大样图中需绘出。 4. 剖面图中，左为外，右为内，虚线仅表示开启方向，项目设计不表示。 5. 附加纱窗应以文字说明，在平、立、剖面图中均不表示。 6. 立面形式应按实际情况绘制
	中悬窗		
40	下悬窗		
41	立转窗		
42	内开平开内倾窗		1. 窗的名称代号用C表示。 2. 平面图中，下为外，上为内。 3. 立面图中，开启线实线为外开，虚线为内开。开启线交角的一侧为安装合页一侧。开启线在建筑立面图中可不表示，在门窗立面大样图中需绘出。 4. 剖面图中，左为外，右为内，虚线仅表示开启方向，项目设计不表示。 5. 附加纱窗应以文字说明，在平、立、剖面图中均不表示。 6. 立面形式应按实际情况绘制
43	单层外开平开窗		
	单层内开平开窗		
	双层内外开平开窗		

续表

序号	名称	图 例	备 注
44	单层推拉窗		1. 窗的名称代号用C表示； 2. 立面形式应按实际情况绘制
	双层推拉窗		
45	上推窗		1. 窗的名称代号用C表示； 2. 立面形式应按实际情况绘制
46	百叶窗		1. 窗的名称代号用C表示； 2. 立面形式应按实际情况绘制
47	高窗		1. 窗的名称代号用C表示。 2. 立面图中，开启线实线为外开，虚线为内开。开启线交角的一侧为安装合页一侧。开启线在建筑立面图中可不表示，在门窗立面大样图中需绘出。 3. 剖面图中，左为外，右为内。 4. 立面形式应按实际情况绘制。 5. h 表示高窗底距本层地面高度。 6. 高窗开启方式参考其他窗型
48	平推窗		1. 窗的名称代号用C表示； 2. 立面形式应按实际情况绘制

6.3.5 建筑平面图的线型

建筑平面图的线型，按《建筑制图标准》规定，凡是剖到的墙、柱的断面轮廓线，宜用粗实线，门扇的开启示意线用中粗实线表示，其余可见投影线则用细实线表示(图6-8)。

6.3.6 建筑平面图的轴线编号

为了建筑工业化，在建筑平面图中，采用轴线网格划分平面，使房屋的平面布置以及构件和配件趋于统一，这些轴线叫定位轴线，它是确定房屋主要承重构件（墙、柱、梁）位置及标注尺寸的基线。中华人民共和国国家标准《房屋建筑制图统一标准》(GB/T 50001—2017)规定：水平方向的轴线自左至右用阿拉伯数字依次连续编为①、②、③等；竖直方向自下而上用大写拉丁字母连续编写Ⓐ、Ⓑ、Ⓒ等，并除去Ⅰ、O、Z三个字母，以免与阿拉伯数字中1、0、2三个数字混淆。如建筑平面形状较特殊，也可以采用分区编号的形式来编注轴线，其方式为"分区号—该区轴线号"(图6-9)。

图 6-9　定位轴线分区编号标注方法

如果平面为折线形，定位轴线的编号既可用分区，也可以自左至右依次编注(图6-10)。

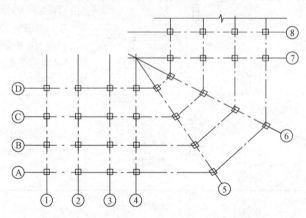

图 6-10　折线形平面定位轴线标注方法

如为圆形平面，定位轴线则应以圆心为准成放射状依次编注，并以距圆心距离决定其另一方向轴线位置及编号(图6-11)。

一般承重墙柱及外墙编为主轴线，非承重墙、隔墙等编为附加轴线（又称分轴线）。第一号主轴线①或Ⓐ前的附加轴线编号为1/01或1/0A，如图6-12所示。轴线线圈用细实线画出，直径为8~10 mm。

图 6-11 圆形平面定位轴线标注方法

图 6-12 轴线编号

6.3.7 建筑平面图的尺寸标注

建筑平面图标注的尺寸有外部尺寸和内部尺寸。

(1)外部尺寸：在水平方向和竖直方向各标注三道。最外一道尺寸标注房屋水平方向的总长、总宽，称为总尺寸；中间一道尺寸标注房屋的开间、进深，称为轴线尺寸(注：一般情况下两横墙之间的距离称为"开间"，两纵墙之间的距离称为"进深")；最里边一道尺寸标注房屋外墙的墙段及门窗洞口尺寸，称为细部尺寸。

如果建筑平面图图形对称，宜在图形的左边、下边标注尺寸；如果图形不对称，则需在图形的各个方向标注尺寸，或在局部不对称的部分标注尺寸。

(2)内部尺寸：应标注各房间长、宽方向的净空尺寸，墙厚及轴线的关系、柱子截面、房屋内部门窗洞口、门垛等细部尺寸。

(3)标高、门窗编号：平面图中应标注不同楼地面高度房间及室外地坪等标高。为编制概预算的统计及施工备料，平面图上所有的门窗都应进行编号。门常用"M1""M2"或"M—1""M—2"等表示，窗常用"C1""C2"或"C—1""C—2"表示，也可用标准图集上的门窗代号来标注门窗，如"X—0924""B.1515"或"M1027""C1518"等。

(4)剖切位置及详图索引：为了表示房屋竖向的内部情况，需要绘制建筑剖面图，其剖切位置应在底层平面图中标出，其符号为"⌐   ⌐"，其中表示剖切位置的"剖切位置线"长度为 6～10 mm；剖视方向线应垂直于剖切位置线，长度应短于剖切位置线，宜为 4～6 mm。如剖面图与被剖切图样不在同一张图纸内，可在剖切位置线的另一侧注明其所在图纸号。如图中某个部位需要画出详图，则在该部位要标出详图索引标志，表示另有详图表示。平面图中各房间的用途宜用文字标出，如"卧室""客厅""厨房"等。

图 6-13 为某县技术质量监督局职工住宅的一层平面图；图 6-14 为其标准层(二～五层)平面图；图 6-15、图 6-16 为其六层平面图及六加一层平面图；图 6-17 为其屋顶平面图。这些图在正式的施工图中都是按国家制图标准用 1：100 比例绘制的。

从图 6-13 中可以看出，该职工住宅的平面形状为矩形。该职工住宅总长为 25 740，总宽为 16 440。住宅单元的出入口设在建筑的北端⑨～⑪轴线间的Ⓒ轴线墙上。通过出入口处门斗下的平台进入楼梯间内，再由楼梯间上至各层住户。楼梯间内地坪标高为 -0.900 m，室外地坪标高为 -1.000 m，故楼梯间室内外高差为 100。一层室内地坪标高设为±0.000 m，与室外地坪的高差为 1 000，是通过楼梯间内 6 级台阶来消化此高差的。剖面图的剖切位置在⑨～⑪轴线之间的楼梯间位置。楼梯间的开间尺寸为 2 700，进深尺寸为 5 700。楼梯间门：宽度为 1 500，高度为 2 100，编号为 M1521。由于该单元是一梯两户的平面布置，两户的户型完全一致。因此，只要看懂了一户的平面布置即可。下面以左边一户为例读图。该户型是从⑨轴线墙上，Ⓑ到Ⓒ轴线间的编号为 M1021 的门进入户内的玄关，该层的平面布置有客厅、餐厅、厨房、餐厅、一间带有卫生间和衣帽间的主卧室、一间次卧室及一间书房。客厅的开间尺寸为 4 800，进深尺寸为 6 300；在客厅的Ⓐ轴线墙上开有一个通向阳台的宽为 3 600、高为 2 400 的推拉门。从客厅与餐厅连接处上 3 级台阶上到居住区，这里有卧室和书房。主卧室是通过Ⓒ轴线上的编号为 M0921 的门进入到衣帽间，然后再进入主卧室的。主卧室的面积也较大，其开间尺寸为 3 900，进深尺寸为 5 100；卧室的窗是编号为 TC2119 的阳光窗；窗的旁边是室外空调机的安放位置；主卧室带的卫生间称为主卫，该主卫的开间、进深尺寸为 2 100×2 700，并开有一个编号为 C0915 的窗；主卧室衣帽间的开间、进深尺寸为 1 800×3 600。次卧室的门开在Ⓑ轴线墙上，编号为 M0921，其开间尺寸为 3 300，进深尺寸为 4 200，其窗的编号为 TC1519 的阳光窗，窗的旁边也有室外空调机的安放位置。还有一个次卧室紧挨着入口，平面布置与另一次卧室对称。进入餐厅和厨房的门都是推拉门，从餐厅到生活阳台的门编号为 M0924(门窗编号中的数字，一般表示门窗洞口的宽度和高度，如 TM1821 表示进入餐厅的门洞口的宽度为 1 800、高度为 2 100。以后不再解释)；餐厅的开间尺寸为 3 200，进深尺寸为 3 600；厨房的开间、进深尺寸为 2 400×3 600(尺寸可从右边户型中读到)。在餐厅外面的服务阳台连着公共卫生间，其开间、进深尺寸为 1 800×2 700，公卫的门和窗是连在一起的，称为带窗门，门洞口的尺寸为 1 300×2 400。从图 6-13 一层平面图中还可以看出，沿该建筑的外墙都设有宽度为 1 000 的散水。以上数据未标注单位的，单位为"mm"。

在图 6-14 标准层(二～五层)平面图中，可以看到的内容除标高及楼梯间表现形式与一层平面图不同外，其余平面布置完全一致，不再赘述。但在楼梯间外由于只有二层有雨篷，故在此部位有一引出线说明："仅二层有"，以区别除此部位外的其他部位在三～五层都相同。由于该图是同时表示二～五层的平面布置，故在右边户型的客厅、主卧室中由下向上分别标注了二～五层该处的标高，同时在楼梯间的中间平台处也由下向上分别标注了二～五层楼梯间的中间平台处的标高。

图 6-15、图 6-16 是六层平面图及六加一层平面图，即该户型为跃层式户型。从图 6-15 中可以看到，原一～五层平面图中的靠主卧室的次卧室被一分为二，前半部分做楼梯间，后半部分做室外屋顶花园，而靠入口的次卧室却全改为了室外屋顶花园。从图 6-16 中可以看到：该跃层右边保留了书房，后边保留了主卧室。原餐厅位置改为休闲厅，原客厅位置和服务阳台以及公卫位置都改为了室外屋顶花园。另外，原公共楼梯间位置及靠入口的次卧室位置就架空了。图 6-17 所示为屋顶平面图。

图 6-13 一层平面图

图 6-14 标准层(二~五层)平面图 1:100

图 6-15 六层平面图

图 6-16 六加一层平面图

图 6-17 屋顶平面图

图 6-17 所示为该住宅的屋顶平面图。屋顶平面图是屋顶的 H 面投影，除少数伸出屋面较高的楼梯间、水箱、电梯机房被剖到的墙体轮廓用粗实线表示外，其余可见轮廓线的投影均用细实线表示。

屋顶平面图是用来表达房屋屋顶的形状、女儿墙位置、屋面排水方式、坡度、雨水管位置等的图形。

屋顶平面图的比例常用 1∶100，也可用 1∶200 的比例绘制。平面尺寸可只标轴线尺寸。从图 6-17 所示该住宅的屋顶平面图可以看出，该屋顶为平屋面，雨水顺着屋面从中间分别向前后的ⓒ、ⓚ轴线方向墙处排，经④、⑤、⑮、⑯轴线墙外的雨水口排入雨水管后排出室外。从以上的各图中还可看出，一层、中间层、顶层平面图中的楼梯表达方式不同，要注意区分。

6.3.8 建筑平面图的画图步骤

房屋建筑图是施工的依据，图上一条线、一个字的错误，都会影响基本建设的速度，甚至给国家带来极大的损失，所以，应采取认真的态度和极其负责的精神来绘制好房屋建筑图，使图纸清晰、正确，尺寸齐全，阅读方便，便于施工等。

修建一幢房屋需要很多图纸，其中，平面图、立面图、剖面图是房屋的基本图样。规模较大、层次较多的房屋，常常需要若干平面图、立面图、剖面图和构造详图才能表达清楚。对于规模较小、结构简单的房屋，图样的数量自然少些。在画图前，首先考虑画哪些图。在决定画哪些图样时，要尽可能以较少量的图样将房屋表达清楚。其次，要考虑选择适当的比例，决定图幅的大小。有了图样的数量和大小，最后考虑图样的布置，在一张图纸上，图样布局要匀称、合理。布置图样时，应考虑标注尺寸的位置。上述三个步骤完成以后，便可开始绘图。

(1)画墙柱的定位轴线[图 6-18(a)]。
(2)画墙厚、柱子截面，定门窗位置[图 6-18(b)]。
(3)画台阶、窗台、楼梯(本图无楼梯)等细部位置[图 6-18(c)]。
(4)画尺寸线、标高符号[图 6-18(d)]。
(5)检查无误后，按要求加深各种曲线并标注尺寸数字、书写文字说明[图 6-18(d)]。

6.3.9 建筑平面图的读图要点

平面图的识读应注意以下几点：
(1)图名、比例。
(2)总长、总宽、纵横各几道轴线。
(3)房间布置情况、使用功能及交通组织，包括水平交通和垂直交通；楼梯间的位置；出入口的位置。
(4)主要房间开间、进深尺寸，面积大小。
(5)门窗情况：门窗位置、种类、编号、数量、尺寸和开启形式。
(6)各房间地面标高情况。
(7)墙体厚度及柱子大小、尺寸和定位。
(8)若是底层平面图，应有室外散水宽度和范围、室外台阶位置和步数；若是屋顶平面图，应有屋面排水坡度和坡向、屋面挑檐宽度和位置。

图 6-18 平面图的画图步骤

6.4 建筑立面图

6.4.1 建筑立面图的用途

建筑立面图主要用来表达房屋的外部造型、门窗位置及形式，墙面装修、阳台、雨篷等部分的材料和做法（图 6-19）。

建筑立面图

6.4.2 建筑立面图的形成

立面图是用直接正投影法将建筑各个墙面进行投影所得到的正投影图（图 6-19）。某些平面形状曲折的建筑物，可绘制展开立面图；圆形或多边形平面的建筑物，可分段展开绘制立面图，但均应在图名后加注"展开"二字。

图 6-19 立面图
(a)立面的形成;(b)①~④立面图;(c)ⓒ~Ⓐ立面图

6.4.3 建筑立面图的比例及图名

建筑立面图的比例与平面图一致,常用1:50、1:100、1:200 的比例绘制。

建筑立面图的图名常用以下三种方式命名:

(1)以建筑墙面的特征命名,常把建筑主要出入口所在墙面的立面图称为正立面图,其余几个立面相应地称为背立面图、侧立面图。

(2)以建筑各墙面的朝向来命名,如东立面图、西立面图、南立面图、北立面图。

(3)以建筑两端定位轴线编号命名,如①~⑲立面图、Ⓓ~Ⓐ立面图等。相关国家标准规定:有定位轴线的建筑物,宜根据两端轴线号编注立面图的名称(图 6-20、图 6-21)。

6.4.4 建筑立面图的图示内容

立面图应根据正投影原理绘出建筑物外墙面上所有门窗、雨篷、檐口、壁柱、窗台、窗楣及底层入口处的台阶、花池等的投影。由于比例较小，立面图上的门、窗等构件也用图例表示(表 6-2)。相同的门窗、阳台、外檐装修、构造做法等，可在局部重点表示，绘出其完整图形，其余部分可只画轮廓线。如立面图中不能表达清楚，则可另用详图表达(图 6-20)。

6.4.5 建筑立面图的线型

为使立面图外形更清晰，通常用粗实线表示立面图的最外轮廓线，而凸出墙面的雨篷、阳台、柱子、窗台、窗楣、台阶、花池等投影线用中粗线画出，地坪线用加粗线(粗于标准粗度的 1.4 倍)画出，其余如门窗及墙面分格线、雨水管及材料符号引出线、说明引出线等，用细实线画出(图 6-20)。

6.4.6 建筑立面图的尺寸标注

建筑立面图的尺寸标注应注意以下几点：

(1)竖直方向：应标注建筑物的室内外地坪、门窗洞口上下口、台阶顶面、雨篷、房檐下口、屋面、墙顶等处的标高，并应在竖直方向标注三道尺寸。里边一道尺寸标注房屋的室内外高差、门窗洞口高度、垂直方向窗间墙、窗下墙高、檐口高度尺寸；中间一道尺寸标注层高尺寸；外边一道尺寸为总高尺寸。

(2)水平方向：立面图水平方向一般不注尺寸，但需要标出立面图最外两端墙的轴线及编号，并在图的下方注写图名、比例。

(3)其他标注：立面图上可在适当位置用文字标出其装修，也可以不注写在立面图中，以保证立面图的完整、美观，而在建筑设计总说明中列出外墙面的装修。

图 6-20、图 6-21 和图 6-22 为某县技术质量监督局职工住宅的立面图。从图 6-20 ①～⑲立面图中可看出，该建筑为纯住宅，共 7 层，总高为 23 250 mm。其中，一到四层立面造型及装修材料都一致；五层造型与一到四层一致，但装修材料及色彩不同于一到二层；六到七层(六加一层)为跃层式住宅，即每户都拥有两层空间。该住宅各层层高均为 3 000 mm。整个立面明快、大方。排列整齐的窗户反映了住宅建筑的主题；上下贯通的百叶装饰，既是各户室外空调机的统一位置，又与明快的凸出墙面的阳光窗使整个建筑立面充满现代建筑的气息；立面装修中，下面两层主要墙体用暖灰色石材贴面，与三到顶层的其他颜色外墙乳胶漆的网格线条及防腐木处理形成对比，使整个建筑色彩协调、明快，更加生动。

从图 6-21⑲～①立面图中可看出，住宅入口处楼梯间的门斗，以及与各层错开的窗洞高度，反映了楼梯间中间平台的高度位置和特征。从该图左边的尺寸标注中可以看到，楼梯间入口处的室内外高差为 100 mm，左边细部尺寸在一楼地坪标高±0.000 以上的 450 mm，在立面上反映了楼梯间左右的房间与两端部房间的地面标高不同，即常说的错层式平面布置。

从图 6-22Ⓐ～Ⓓ立面图中，还可以看到六到七层(六加一层)跃层式住宅退台的屋顶花园位置。

图6-20 ①~⑲立面图

图6-21 ⑲~① 立面图

图 6-22 Ⓐ～Ⓓ立面图

6.4.7 建筑立面图的画图步骤

(1)画室外地平线、门窗洞口、檐口、屋脊等高度线，并由平面图定出门窗洞口的位置，画墙(柱)身的轮廓线［图 6-23(a)］。

(2)画勒脚线、台阶、窗台、屋面等各细部［图 6-23(b)］。

(3)画门窗分隔、材料符号，并标注尺寸和轴线编号［图 6-23(c)］。

(4)加深图线，并标注尺寸数字、书写文字说明［图 6-23(c)］。

注：侧立面图的画图步骤同正立面图，画图时可同时进行。

6.4.8 建筑立面图的读图要点

建筑立面图的读图要点应注意以下几点：

图 6-23 立面图的画图步骤

(1)图名、比例。
(2)立面形式和外貌风格,外墙装修色彩分隔和材料。
(3)建筑物的高度尺寸,建筑的总层数;底层室内外地面的高差、各层的层高。
(4)室外台阶、勒脚、窗台、雨篷等的位置、材料、尺寸等。

6.5 建筑剖面图

6.5.1 建筑剖面图的用途

建筑剖面图主要用来表达房屋内部垂直方向的结构形式、沿高度方向分层情况、各层构造做法、门窗洞口高、层高及建筑总高等(图 6-24)。

图 6-24 1—1 剖面图

6.5.2 建筑剖面图的形成

建筑剖面图(简称剖面图)是用一假想剖切平面,平行于房屋的某一墙面,将整个房屋从屋顶到基础全部剖切开,把剖切面与观察人之间的部分移开,将剩下部分按垂直于剖切平面的方向投影而画成的图样(图 6-25)。建筑剖面图就是一个垂直的剖视图。

6.5.3 建筑剖面图的剖切位置及剖视方向

1. 剖切位置

剖面图的剖切位置是标注在同一建筑物的底层平面图上。剖面图的剖切位置应根据图纸的用途或设计深度,在平面图上选择能反映建筑物全貌、构造特征以及有代表性的部位剖切,实际工程中剖切位置常选择在楼梯间并通过需要剖切的门、窗洞口位置(图 6-25)。

图 6-25 建筑剖面图的形成
(a)剖面图的形成；(b)剖面图

2. 剖视方向

平面图上剖切符号的剖视方向宜向后、向右(与我们习惯的 V、W 投影方向一致)，看剖面图应与平面图相结合，并对照立面图一起看。

6.5.4 建筑剖面图的比例

剖面图的比例常与同一建筑物的平面图、立面图的比例一致，即采用 1∶50、1∶100 和 1∶200 绘制(图 6-25)，由于比例较小，剖面图中的门窗等构件也是采用中华人民共和国国家标准《建筑制图标准》(GB/T 50104—2010)规定的图例来表示，见表 6-2。

为了清楚地表达建筑各部分的材料及构造层次，当剖面图比例大于 1∶50 时，应在剖

· 127 ·

到的构件断面画出其材料图例(材料图例见表 5-1);当剖面图比例小于 1∶50 时,则不画具体材料图例,而用简化的材料图例表示其构件断面的材料,如钢筋混凝土构件可在断面涂黑,以区别砖墙和其他材料。

6.5.5 建筑剖面图的线型

剖面图的线型按《房屋建筑制图统一标准》规定,凡是剖到的墙、板、梁等构件的剖切线,用粗实线表示;而没剖到的其他构件的投影,则常用细实线表示(图 6-25)。

6.5.6 建筑剖面图的尺寸标注

建筑剖面图的尺寸标注应注意以下几点:

(1)竖直方向:剖面图的尺寸标注在竖直方向上。图形外部标注三道尺寸及建筑物的室内外地坪、各层楼面、门窗洞口的上下口及墙顶等部位的标高。图形内部的梁等构件的下口标高也应标注,且楼地面的标高应尽量标注在图形内。外部的三道尺寸,最外一道为总高尺寸,从室外地平面起标到墙顶止,标注建筑物的总高度;中间一道尺寸为层高尺寸,标注各层层高(两层之间楼地面的垂直距离称为层高);最里边一道尺寸称为细部尺寸,标注墙段及洞口尺寸。

(2)水平方向:常标注两道尺寸。里边一道标注剖到的墙、柱及剖面图两端的轴线编号及轴线间距;外边一道标注剖面图两端剖到的墙、柱轴线总尺寸,并在图的下方注写图名和比例。

(3)其他标注:由于剖面图比例较小,某些部位如墙脚、窗台、过梁、墙顶等节点,不能详细表达,可在剖面图上的该部位处画上详图索引标志,另用详图来表示其细部构造尺寸。此外,楼地面及墙体的内、外装修,可用文字分层标注。

图 6-24 为某县技术质量监督局职工住宅的剖面图。从图中可看出此建筑物共 7 层,室内外高差为 1 000 mm,一~五层各层层高均为 3 000 mm,六层层高为 3 300 mm,七层层高为 3 150 mm,该建筑总高为 23 250 mm。从图 6-24 中右边竖直方向的外部尺寸还可以看出,楼梯间入口处室内外高差为 100 mm,从室外通过标高为 −0.900 m 的门斗平台再进入楼梯间室内,然后上 6 级台阶上到一层地坪。楼梯间各层中间平台(楼梯间中标高位于楼层之间的平台称为中间平台,又称休息平台)处外墙窗台距中间平台面的高度均为 1 100 mm,窗洞口高均为 1 500 mm。从图 6-24 中楼梯间Ⓑ轴线墙右边还可以看到,各层楼层平台(楼梯间中标高与楼层一致的平台称为楼层平台)处是住户的入户门。Ⓐ轴线墙上的窗为各层平面图上入户后次卧室中对应的Ⓐ轴线墙上的阳光窗,窗台距楼面的高度为 500 mm,窗洞口高为 1 900 mm。图 6-24 中还表达了楼梯间六层Ⓑ轴线墙外为六层住户的屋顶花园露台;楼梯间屋顶也为七层(六加一层)住户的屋顶花园露台。另外,凸窗、阳台栏板、女儿墙的详细做法,另有①、②、③号详图详细表达。由于本剖面图比例为 1∶100,故构件断面除钢筋混凝土梁、板涂黑表示外,墙及其他构件不再加画材料图例。

以上讲述了建筑的总平面图及平面图、立面图和剖面图,这些都是建筑物全局性的图样。在这些图中,图示的准确性是很重要的。本书力求贯彻国家制图标准,严格按制图标准规定绘制图样。其次,尺寸标注也非常重要,力求准确、完整、清楚,并弄清各种尺寸的含义。

建筑平面图中总长、总宽尺寸,立面图和剖面图中的总高尺寸为建筑的总尺寸。

建筑平面图中的轴线尺寸,立面图、剖面图及下节要介绍的建筑详图中的细部尺寸为建筑的定量尺寸,也称定形尺寸,某些细部尺寸同时也是定位尺寸。

每一种建筑构配件都有三种尺寸,它们是标志尺寸、构造尺寸和实际尺寸。

标志尺寸(又称设计尺寸)是在进行设计时采用的尺寸。构件在制作时采用的尺寸称为构造尺寸。由于建筑构配件表面较粗糙,考虑到施工时各个构件之间的安装搭接方便,构件在制作时便要考虑两构件搭接时的施工缝隙,故构造尺寸=标志尺寸-缝宽。

实际尺寸是建筑构配件制作完成后的实际尺寸,由于制作时的误差,实际尺寸=构造尺寸±允许误差。

6.5.7 建筑剖面图的画图步骤

(1)画室内外地平线、最外墙(柱)身的轴线和各部高度[图 6-26(a)]。
(2)画墙厚、门窗洞口及可见的主要轮廓线[图 6-26(b)]。
(3)画屋面及踢脚板等细部号[图 6-26(c)]。
(4)加深图线,并标注尺寸数字、书写文字说明[图 6-26(c)]。

图 6-26 剖面图的画图步骤

6.5.8 建筑剖面图的读图要点

建筑剖面图的识读应注意以下几点：
(1) 图名、比例。
(2) 剖面图的剖切位置。
(3) 建筑物的总高度尺寸，建筑的总层数；底层室内外地面的高差、各层的层高。
(4) 楼梯形式、各构件之间的关系。

6.6 建筑详图

6.6.1 建筑详图的用途

房屋建筑平面图、立面图、剖面图都是用较小的比例绘制的，主要表达建筑全局性的内容，但对于房屋细部或构配件的形状、构造关系等无法表达清楚。因此，在实际工作中，为详细表达建筑节点及建筑构配件的形状、材料、尺寸及做法，而用较大的比例画出的图形，称为建筑详图或大样图。

6.6.2 建筑详图的比例

《建筑制图标准》(GB/T 50104—2010)规定：详图的比例宜用 1∶1、1∶2、1∶5、1∶10、1∶15、1∶20、1∶25、1∶30、1∶50 绘制。

6.6.3 建筑详图标志及详图索引标志

为了便于看图，常采用详图标志和详图索引标志。详图标志(又称详图符号)画在详图的下方，相当于详图的图名；详图索引标志(又称索引符号)则表示建筑平面图、立面图、剖面图中某个部位需另画详图表示，故详图索引标志是标注在需要画出详图的位置附近，并用引出线引出。

图 6-27 为详图索引标志，其水平直径线及符号圆圈均以细实线绘制，圆的直径为 8～10 mm，水平直径线将圆分为上下两半[图 6-27(a)]，上方注写详图编号，下方注写详图所在图纸编号[图 6-27(c)]，若详图绘在本张图纸上，则仅用细实线在索引标志的下半圆内画一段水平细实线即可[图 6-27(b)]，若索引的详图采用标准图，应在索引标志的水平直径的延长线上加注标准图集的编号[图 6-27(d)]。索引标志的引出线宜采用水平方向的直线或与水平方向成 30°、45°、60°、90°的直线，以及经上述角度再折为水平方向的折线。文字说明宜注写在引出线横线的上方，引出线应对准索引符号的圆心。

图 6-27　详图索引标志

图 6-28 为用于索引剖面详图的索引标志。应在被剖切的部位绘制剖切位置线，并以引出线引出索引标志，引出线所在的一侧应视为剖视方向。图中的粗实线为剖切位置线，表示该图为剖面图。

图 6-28　用于索引剖面详图的索引标志

详图的位置和编号，应以详图符号（详图标志）表示。详图标志应以粗实线绘制，直径为 14 mm。详图与被索引的图样，同在一张图纸内，应在详图标志内用阿拉伯数字注明详图的编号[图 6-29(a)]。如不在同一张图纸内，也可以用细实线在详图标志内画一水平直径，上半圆内注明详图编号，下半圆内注明被索引图纸的图纸编号[图 6-29(b)]。

图 6-29　详图标志

屋面、楼面、地面为多层次构造。多层次构造用分层说明的方法标注其构造做法。多层次构造的引出线应通过图中被引出的各个构造层次。文字说明宜用 5 号或 7 号字注写在横线的上方或横线的端部，说明的顺序由上至下，并应与被说明的层次相互一致。若层次为横向排列，则由上至下的说明顺序应由左至右的层次相互一致，如图 6-30 所示。

图 6-30　多层次构造的引出线

在一套施工图中，建筑详图的数量视建筑工程的体量大小及难易程度来决定，常用的详图有：外墙身详图，楼梯间详图，卫生间、厨房详图，门窗详图，阳台、雨篷详图等。由于各地区都编有标准图集，故在实际工程中，有的详图可直接查阅标准图集。

6.6.4 楼梯详图

楼梯是楼层建筑垂直交通的必要设施。

楼梯由梯段、楼层平台和栏杆(或栏板)扶手组成(图 6-31)。

图 6-31 楼梯的组成

常见的楼梯平面形式有单跑楼梯(上、下两层之间只有一个梯段)、双跑楼梯(上、下两层之间有两个梯段、一个中间平台)、三跑楼梯(上、下两层之间有三个梯段、两个中间平台)等，如图 6-32 所示。

楼梯间详图包括楼梯间平面图、剖面图、踏步栏杆等详图。其主要表示楼梯的类型、结构形式、构造和装修等。楼梯间详图应尽量安排在同一张图纸上，以便阅读。

1. 楼梯平面图

楼梯平面图常用 1∶50 的比例画出。

楼梯平面图的水平剖切位置，除顶层在安全栏板(或栏杆)之上外，其余各层均在上行第一跑中间(图 6-33)。各层被剖切到的上行第一跑梯段，都在楼梯平面图中画一条与踢面线成 30°的折断线(构成梯段的踏步中与楼地面平行的面称为踏面，与楼地面垂直的面称为踢面)。各层下行梯段不予剖切。而楼梯间平面图则为房屋各层水平剖切后的直接正投影，

图 6-32 楼梯平面图的形成
(a)单跑楼梯;(b)双跑平行楼梯;(c)三跑楼梯

如同建筑平面图,若中间几层构造一致,也可只画一个标准层平面图。故楼梯平面详图常常只画出底层、中间层和顶层三个平面图。

各层楼梯平面图宜上下对齐(或左右对齐),这样既便于阅读又便于尺寸标注和省略重复尺寸。平面图上应标注该楼梯间的轴线编号、开间和进深尺寸,楼地面和中间平台的标高,以及梯段长、平台宽等细部尺寸。梯段长度尺寸标为:踏面数×踏面宽=梯段长。

图 6-34 为某县技术质量监督局职工住宅的楼梯平面图。底层平面图中只有一个被剖到的梯段。从⑨、⑪轴线墙上的入户门出到标高为±0.000 的一层楼层平台,再通过 6 级台阶下到楼梯间入口及门斗的标高为-0.900 的平台上,从连接室内外的门斗平台处下到室外。

标准层平面图中的上、下两个梯段都是画成完整的;上行梯段的中间画有一条与踢面线成 30°的折断线。折断线两侧的上下指引线箭头是相对的,在箭尾处分别写有"上 20 级"和"下 20 级",是指从二层上到二层以上的各层及下到一层的踏步级数均为 20 级;说明各层的层高是一致的。由于只有二层平面图上才能看到一层门斗上方的雨篷的投影,故此处用"仅二层有"加以说明。

六层(顶层)平面图的踏面是完整的。只有下行,故梯段上没有折断线。楼面临空的一侧装有水平栏杆。

2. 楼梯剖面图

楼梯剖面图常用 1∶50 的比例画出。其剖切位置应选择在通过第一跑梯段及门窗洞口,并向未剖切到的第二跑梯段方向投影(如图 6-34 中所示的剖切位置)。图 6-35 为按图 6-34 剖切位置绘制的剖面图。

剖到梯段的步级数可直接看到,未剖到梯段的步级数因栏板遮挡或因梯段为暗步梁板式等原因而不可见时,可用虚线表示,也可直接从其高度尺寸上看出该梯段的步级数。

图 6-33 楼梯平面图的形成

图 6-34 楼梯平面图

图 6-35 楼梯剖面图

多层或高层建筑的楼梯间剖面图，如中间若干层构造一样，可用一层表示这些相同的若干层剖面，由此层的楼面和平台面的标高可以看出所代表的若干层情况，也可全部画完整。楼梯间的顶层楼梯栏杆以上部分，由于与楼梯无关，故可用折断线折断不画，如图6-35的顶部。

楼梯间剖面图的标注：

(1)水平方向应标注被剖切墙的轴线编号、轴线尺寸及中间平台宽、梯段长等细部尺寸。

(2)竖直方向应标注剖到墙的墙段、门窗洞口尺寸及梯段高度、层高尺寸。梯段高度应标为：步级数×踢面高＝梯段高。

(3)标高及详图索引：楼梯间剖面图上应标出各层楼面、地面、平台面及平台梁下口的标高。若需画出踢步、扶手等的详图，则应标出其详图索引符号和其他尺寸，如栏杆(或栏板)高度。

从图6-35中可以看到：从图的右方标高为－1.000的室外地坪上到标高为－0.900的连接室内外的门斗内，再进入楼梯间，通过室内5级台阶上到标高为±0.000的一层楼层平台。每层都有两个梯段，且每个梯段的级数都是10级。楼梯间的顶层楼梯栏杆以上部分以及竖直方向①轴线以左客厅部分，由于与楼梯无关，故都用折断线折断不画。

6.6.5 门窗详图

门在建筑中的主要功能是交通、分隔、防盗，兼作通风、采光。

窗的主要作用是通风、采光。

1. 木门窗详图

木门窗由门(窗)框、门(窗)扇及五金件等组成(图6-36、图6-37)。

图6-36 木门的组成

图 6-37 木窗的组成

门窗洞口的基本尺寸，1 000 mm 以下时按 100 mm 为增值单位增加尺寸，1 000 mm 以上时按 300 mm 为增值单位增加尺寸。

门窗详图一般都有分别由各地区建筑主管部门批准发行的各种不同规格的标准图供设计者选用。若采用标准图集中的标准详图，则在施工图中只需说明该详图所在标准图集中的编号即可。如果未采用标准图集，则必须画出门窗详图。

门窗详图由立面图、节点图、断面图和门窗扇立面图等组成。

(1)门窗立面图：常用 1∶20 的比例绘制。它主要表达门窗的外形、开启方式和分扇情况，同时还标出门窗的尺寸及需要画出节点图的详图索引符号(图 6-38)。

一般以门窗向着室外的面作为正立面。门窗扇向室外开者称外开，反之为内开。《建筑制图标准》(GB/T 50104—2010)规定：门窗立面图上开启方向外开用两条细斜实线表示，如用细斜虚线表示，则为内开。斜线开口端为门窗扇开启端，斜线相交端为安装铰链端。图 6-38 所示门扇为外开平开门，铰链装在左端，门上亮窗为中悬窗，窗的上半部分转向室内，下半部分转向室外。

门窗立面图的尺寸一般在竖直和水平方向各标注三道：最外一道为洞口尺寸，中间一道为门窗框外包尺寸，里边一道为门窗扇尺寸。

(2)节点详图：节点详图常用 1∶10 的比例绘制。节点详图主要表达各门窗框、门窗扇的断面形状、构造关系以及门窗扇与门窗框的连接关系等内容。

习惯上将水平(或竖直)方向上的门窗节点详图依次排列在一起，分别注明详图编号，并相应地布置在门窗立面图的附近(图 6-38)。

门窗节点详图的尺寸主要为门窗料断面的总长、总宽尺寸。如 95×42、55×40、95×40 等为"X—0927"代号门的门框、亮窗窗料上下梃、门扇上梃和中横梃及边梃的断面尺寸。除此之外，还应标出门窗扇在门窗框内的位置尺寸。如图 6-38 所示的②号节点图中，门扇进门框 10 mm。

(3)窗料断面图：常用 1∶5 的比例绘制，主要用以详细说明各种不同门窗料的断面形状和尺寸。断面内所注尺寸为净料的总长、总宽尺寸(通常每边要留 2.5 mm 厚的加工裕量)，断面图四周的虚线即为毛料的轮廓线，断面外标注的尺寸为决定其断面形状的细部尺寸(图 6-39)。

(4)门窗扇立面图：常用 1∶20 比例绘制，主要表达门窗扇形状及边梃、上下梃和中横梃、镶板、纱芯或玻璃板的位置关系(图6-39)。

门窗扇立面图在水平和竖直方向各标注两道尺寸，外边一道为门窗扇的外包尺寸，里边一道为扣除裁口的边梃或各上下梃和中横梃的尺寸，以及镶板、纱芯或玻璃的尺寸(也是边梃或上下梃和中横梃的定位尺寸)。

图6-38 木门详图

2. 铝合金门窗及塑钢门窗详图

铝合金门窗及塑钢门窗和木制门窗相比，在坚固、耐久、耐火和密闭等性能上都较优越，而且节约木材，透光面积较大，各种开启方式如平开、翻转、立转、推拉等都可适应，因此已大

图 6-39 木门门扇详图

量用于各种建筑上。铝合金门窗及塑钢门窗的立面图表达方式及尺寸标注与木门窗的立面图表达方式及尺寸标注一致,其门窗料断面形状与木门窗料断面形状不同,但图示方法及尺寸标注要求与木门窗相同。各地区及国家已有相应的标准图集,如图家建筑标准设计图集有:

《平开铝合金门》92SJ605

《推拉铝合金门》92SJ606

《铝合金地弹簧门》92SJ607

《平开铝合金窗》92SJ712

《推拉铝合金窗》92SJ713

铝合金门窗的代号与木制门窗代号稍有不同,如"HPLC"为"滑轴平开铝合金窗","TLC"为"推拉铝合金窗","PLM"为"平开铝合金门","TLM"为"推拉铝合金门"等。

塑钢门窗的代号与木制门窗代号也有所不同,如"SGC.0915"为"塑钢单框双玻中空窗","SGTM.1521"为"塑钢单框双玻中空推拉门","SGMC.1224"为"塑钢单框双玻中空带窗门"等。

6.6.6 卫生间、厨房详图

卫生间、厨房详图主要表达卫生间和厨房内各种设备的位置、形状及安装做法等。

卫生间、厨房详图有平面详图、全剖面详图、局部剖面详图、设备详图、断面图等。其中,平面详图是必要的,其他详图根据具体情况选取采用,只要能将所有情况表达清楚即可。

卫生间、厨房平面详图是将建筑平面图中的卫生间、厨房用较大比例,如 1∶50、1∶40、1∶30 等,把卫生设备及厨房的必要设备一并详细画出的平面图。它表达出各种卫生设备及厨房的必要设备在卫生间及厨房内的布置、形状和大小。图 6-40 所示为某县技术质量监督局职工住宅的卫生间及服务阳台平面详图,图 6-41 所示为某县技术质量监督局职工住宅的厨房平面详图。

卫生间及服务阳台平面详图 1:50

图 6-40 卫生间及服务阳台平面详图

厨房平面详图 1:50

图 6-41 厨房平面详图

卫生间、厨房的平面详图的线型与建筑平面图相同,各种设备可见的投影线用细实线表示,必要的不可见线用细虚线表示。当比例≤1∶50时,其设备按图例表示;当比例＞1∶50时,其设备应按实际情况绘制。如各层的卫生间、厨房布置完全相同,则只画其中一层的卫生间、厨房即可。

平面详图除标注墙身轴线编号、轴线间距和卫生间、厨房的开间、进深尺寸外,还要注出各卫生设备及厨房的必要设备的定量、定位尺寸和其他必要的尺寸,以及各地面的标高等,平面图上还应标注剖切线位置、投影方向及各设备详图的详图索引标志等。

6.6.7 其他详图

根据工程不同需要,还可以加画其他如墙体、凸窗、阳台、阳台栏板、线脚、女儿墙及雨篷等详图,以表达这些部分的材料、位置、形状及安装做法等。图6-42、图6-43所示为某县技术质量监督局职工住宅的凸窗、阳台栏板及女儿墙栏板的剖面详图,具体表达了凸窗、阳台栏板及女儿墙栏板各部分构造的剖面尺寸及材料和做法。其他详图的表达方式、尺寸标注等,都与前面所述详图大致相同,故不再重复。

图 6-42 凸窗及阳台栏板剖面详图

图 6-43 女儿墙及装饰线脚详图

复习思考题

1. 施工图根据其内容和专业工种的不同，分为哪几种？
2. 建筑施工图的用途是什么？
3. 建筑施工图包括哪几种图纸？
4. 建筑平面图的用途是什么？
5. 建筑立面图的用途是什么？
6. 建筑剖面图的用途是什么？
7. 什么叫作定位轴线？对定位轴线怎样进行编号？
8. 什么叫作开间？什么叫作进深？
9. 总平面图、各层平面图、立面图、剖面图及详图的常用比例是多少？
10. 总平面图、各层平面图、立面图、剖面图及详图的尺寸单位是什么？
11. 总平面图、各层平面图、立面图、剖面图及详图的标高单位是什么？标到小数点后几位？
12. 各层平面图的外部尺寸一般标注几道？各道尺寸分别标注什么内容？分别称为什么尺寸？

任务7　结构施工图的阅读与绘制

学习要点

结构施工图的基本概念，结构施工图的组成、内容和相应的制图规范；结构施工图的阅读方法，理解清楚图示内容，能够用尺规制图的方式绘制结构施工图；结构平法施工图的表达方式，重点掌握梁平法施工图的平面注写方式，并能够读懂施工图实例，写出读图纪要。

结构施工图的
阅读与绘制

7.1　结构施工图概述

建筑结构是指在建筑物(或构筑物)中，由建筑材料制成用来承受各种荷载或者作用的空间受力体系。组成这个体系的各种构件就称为"结构构件"，其中一些构件，如基础、承重墙、柱、梁、板等，是建筑物的主要承重构件，它们互相支承并连接成整体，构成了建筑物的承重骨架。

7.1.1　结构设计的任务

在房屋的设计中，建筑设计是整个设计工作的先行，画出建筑施工图后，还要进行结构设计。结构设计的基本任务，就是根据建筑物的使用要求和作用于建筑物上的荷载，选择合理的结构类型和结构方案；进行结构布置；经过结构计算，确定各结构构件的几何尺寸、材料等级及内部构造；以最经济的手段，使建筑结构在规定的使用期限内满足安全、适用、耐久的要求。把结构设计的成果绘成图样，以表达各结构构件的形状、尺寸、材料、构造及布置关系，称为"结构施工图"，简称"结施图"。它是建筑工程施工放线、基槽(坑)开挖、支模板、钢筋绑扎、浇筑混凝土、结构安装、施工组织、编制预算的重要依据。

7.1.2　常用构件的分类

目前，房屋结构按照承重构件的材料，可分为以下常见的几种：

(1)砖混结构：砖混结构是混合结构的一种，是采用砖墙来承重，钢筋混凝土梁、柱、板等构件构成的混合结构体系。其适合开间进深较小，房间面积小，多层或低层的建筑，对于承重墙体不能改动，如图7-1(a)所示。

(2)钢筋混凝土框架结构：由钢筋混凝土梁、板、柱、屋面和基础组成的框架结构来承受荷载，在结构中，墙只起围护作用，不起承重作用，如图7-1(b)所示。钢筋混凝土框架结构广泛用于住宅、学校、办公楼,也有根据需要对混凝土梁或板施加预应力,以适用于较大的跨度。

(3)钢筋混凝土剪力墙结构:剪力墙结构是用钢筋混凝土墙板来代替框架结构中的梁柱,能承担各类荷载引起的内力,并能有效控制结构的水平力。这种结构在目前的高层住宅中被大量运用,如图 7-1(c)所示,是一栋住宅楼单层的部分模型。

(4)木结构:木结构因为是由天然材料所组成,承重构件全部为木材。木结构在中国古建筑中较为常见,受多种因素影响,现在除仿古建筑外已很少采用木结构,如图 7-1(d)所示。

(5)钢结构:由钢制材料组成的结构,是主要的建筑结构类型之一。钢结构主要是由型钢和钢板等制成的钢梁、钢柱、钢桁架等构件组成,各构件或部件之间通常采用焊缝、螺栓或铆钉连接。因其自重较小且施工简便,故广泛应用于大型厂房、场馆、超高层等领域,如图 7-1(e)所示。

图 7-1 砖混结构与框架结构示意
(a)砖混结构示意;(b)钢筋混凝土框架结构示意;
(c)剪力墙结构(单层、部分模型);(d)木结构;

(e)

图 7-1 砖混结构与框架结构示意(续)
(e)钢结构(工业厂房)

7.1.3 常用构件代号

由于结构构件的种类繁多，布置复杂，为了便于读图和绘图，在结构施工图中常用代号来表示构件的名称(构件代号采用该构件名称汉语拼音中的第一个字母表示，代号后面常加的数字表示构件的型号或者编号)。常用构件的名称、代号见表 7-1。

表 7-1 常用构件代号

序号	名称	代号	序号	名称	代号	序号	名称	代号	序号	名称	代号
1	板	B	11	框架梁	KL	21	托架	TJ	31	桩	ZH
2	屋面板	WB	12	屋面框架梁	WKL	22	天窗架	CJ	32	梯	T
3	空心板	KB	13	框支梁	KZL	23	框架	KJ	33	雨篷	YP
4	槽形板	CB	14	吊车梁	DL	24	刚架	GJ	34	阳台	YT
5	折板	ZB	15	圈梁	QL	25	柱	Z	35	梁垫	LD
6	密肋板	MB	16	过梁	GL	26	构造柱	GZ	36	预埋件	M
7	楼梯板	TB	17	连系梁	LL	27	框架柱	KZ	37	天窗端壁	TD
8	墙板	QB	18	基础梁	JL	28	承台	CT	38	钢筋网	W
9	梁	L	19	楼梯梁	TL	29	基础	J	39	钢筋骨架	G
10	屋面梁	WL	20	屋架	WJ	30	设备基础	SJ	40	暗柱	AZ

注：预应力钢筋混凝土构件代号，应在构件代号前加注"Y—"，如 Y-DL 表示预应力混凝土吊车梁。
本表摘录了常用的部分构件代号，其余构件代号请读者根据需要查阅《结构制图标准》(GB/T 50105—2010)附录 A 常用构件代号。

7.1.4 结构施工图图线要求

结构施工图中的不同的图线应采用不同的线型。根据《建筑结构制图标准》(GB/T

50105—2010），结构施工图中的图线应按表 7-2 采用。

表 7-2 结构施工图线选用表

名称		线型	线宽	一般用途
实线	粗	————	b	螺栓、钢筋线、结构平面图中的单线结构构件线，钢木支撑及系杆线，图名下横线、剖切线
	中粗	————	$0.7b$	结构平面图及详图中剖到或可见的墙身轮廓线，基础轮廓线，钢、木结构轮廓线，钢筋线
	中	————	$0.5b$	结构平面图及详图中剖到或可见的墙身轮廓线、基础轮廓线、可见的钢筋混凝土构件轮廓线、钢筋线
	细	————	$0.25b$	标注引出线、标高符号线、索引符号线、尺寸线
虚线	粗	-------	b	不可见的钢筋线、螺栓线、结构平面图中不可见的单线结构构件线及钢、木支撑线
	中粗	-------	$0.7b$	结构平面图中的不可见构件、墙身轮廓线及不可见钢、木结构构件线，不可见的钢筋线
	中	-------	$0.5b$	结构平面图中的不可见构件、墙身轮廓线及不可见钢、木结构构件线，不可见的钢筋线
	细	-------	$0.25b$	基础平面图中的管沟轮廓线、不可见的钢筋混凝土构件轮廓线
单点长画线	粗	—·—·—	b	柱间支撑、垂直支撑、设备基础轴线图中的中心线
	细	—·—·—	$0.25b$	定位轴线、对称线、中心线、重心线
双点长画线	粗	—··—··—	b	预应力钢筋线
	细	—··—··—	$0.25b$	原有结构轮廓线
折断线		—∿—	$0.25b$	断开界线
波浪线		∼∼∼	$0.25b$	断开界线

7.1.5 钢筋混凝土结构及构件

钢筋混凝土结构是目前应用最广泛的建筑结构类型。混凝土是用水泥作胶凝材料，砂、石作集料；与水（加或不加外加剂和掺合料）按一定比例配合，经搅拌、成型、养护而得的人工石材，代号为"C"。混凝土具有较高的抗压强度和良好的耐久性能，但抗拉能力较差，容易因受拉而断裂；其强度等级分为 C15、C20、C30、C40、C45、C50、C55、C65、C70、C75、C80 等，C 后面的数值越大，表示混凝土的抗压强度越高。

为了增强混凝土的抗拉性能，通常在混凝土构件里面加入一定数量的钢筋。钢筋不但具有良好的抗拉能力，而且与混凝土有良好的粘结能力，它的热膨胀系数与混凝土也很接近，它们结合成整体，共同承受外力。例如，一简支素混凝土梁在荷载作用下将发生弯曲，其中性层以上部分受压，中性层以下部分受拉。由于混凝土抗拉能力较差，在较小荷载作用下，梁的下部就会因拉裂而折断。若在该梁下部受拉区布置适量的钢筋，由钢筋代替混凝土受拉，由混凝土承担受压区的压力(有时也可在受压区布置适量钢筋，以帮助混凝土受压)，这就能够有效提高梁的承载能力，如图 7-2 所示。

图 7-2 混凝土梁受力示意图
(a)素混凝土梁；(b)钢筋混凝梁

配有钢筋的混凝土构件称为钢筋混凝土构件，如钢筋混凝土梁、板、柱等。钢筋混凝土构件按施工方式可分为预制钢筋混凝土构件和现浇钢筋混凝土构件两种。此外，在制作钢筋混凝土构件时，通过张拉钢筋，对混凝土施加预应力，以提高构件的强度和抗裂性能，这样的构件称为预应力钢筋混凝土构件。

钢筋可按其轧制外形、力学性能、生产工艺等分为不同类型，普通钢筋一般采用热轧钢筋，其表示符号见表 7-3。

表 7-3 普通钢筋型号表

钢筋牌号	符号	公称直径 d/mm	屈服强度标准值 N/mm^2	极限强度标准值 N/mm^2
HPB300	Φ	6～14	300	420
HRB335	Φ	6～14	335	455
HRB400	Φ			
HRBF400	Φ^F	6～50	400	540
RRB400	Φ^R			
HRB500	Φ	6～50	500	630
HRBF500	Φ^F			

钢筋混凝土构件的钢筋，按其作用可分为以下几类，如图 7-3 所示：

(1)受力筋。受力筋也称为主筋,主要承受由荷载引起的拉应力或者压应力,使构件的承载力满足结构功能要求。其可分为直筋和弯筋两种。

(2)箍筋。箍筋主要承受一部分剪力,并固定受力筋的位置,多用于梁、柱等构件。

(3)架立筋。架立筋用于固定箍筋位置,将纵向受力筋与箍筋连成钢筋骨架。

(4)分布筋。分布筋用于板内,与板内受力筋垂直布置,其作用是将板承受的荷载均匀地传递给受力筋,并固定受力筋的位置。另外,还能抵抗因混凝土的收缩和外界温度变化在垂直于板跨方向的变形。

(5)构造筋。构造筋是由于构件的构造要求和施工安装需要而设置的钢筋,如吊筋、拉结筋、预埋锚固筋等。

图7-3 钢筋混凝土构件配筋示意

7.2 混合结构民用建筑结构施工图

混合结构民用建筑的结构施工图一般包括:结构设计说明、基础施工图(基础平面布置图、基础断面详图和文字说明)、楼层结构布置图(楼层结构平面布置图、屋顶结构布置图、楼梯间结构布置平面图、圈梁结构布置平面图)、构造详图。

7.2.1 结构设计说明

结构设计说明是指以文字的形式表示结构设计所遵循的规范、主要设计依据(如地质条件,风、雪荷载,抗震设防要求等)、设计荷载、统一的技术措施、对材料和施工的要求等。结构设计说明的主要内容包括:工程概况,结构的安全等级、类型、材料种类,相应的构造要求及施工注意事项等。对于一般的中、小型建筑,结构设计说明可以与建筑设计说明合并编写成施工图设计总说明,置于全套施工图的首页。

7.2.2 基础施工图

(1)基础的组成。基础是建筑底部与地基接触的承重构件,其埋置在地下并承受建筑的全部荷载。地基是建筑下方支承基础的土体或岩体,分为天然地基和人工地基两类。基础按材料可分为:砖基础、毛石基础、素混凝土基础和钢筋混凝土基础等;按其构造方式不同可分为独立基础、墙(柱)下条形基础、桩基础、筏形基础和箱形基础等,如图7-4所示。

墙下条形基础是砖混结构民用建筑常用的基础形式之一,如图7-5所示。其中基坑(槽)是为进行基础或地下室施工所开挖的临时性坑井(槽),坑底与基础底面或地下室底板相接触。埋入地下的墙体称为基础墙(±0.000标高以下)。基础墙下阶梯状的砌体叫大放脚。在基坑和条基底面之间设置的素混凝土层称为垫层。防潮层是为了防止地面以下土壤中的水分进入砖墙而设置的材料层。

基础施工图一般包括基础平面图、基础断面详图和文字说明三部分。为了查阅图纸和施工的方便,一般应将这三部分编绘于同一张图纸上。现以某工程墙下(素)混凝土条形基础为例,说明基础图的图示内容及其特点(图7-6)。

(2)基础平面图。基础平面图是假想用一水平剖切面,沿建筑物底层地面将其剖开,移去剖切面以上的建筑物并假想基础未回填土前所作的水平投影。

基础平面图通常采用与建筑平面图相同的比例,如1:50、1:100、1:150、1:200等。其图示内容如下(图7-6、图7-7):

1)线型:基础、基础墙轮廓线为中粗实线或中实线,基础底面、基础梁轮廓线为细实线,地沟为暗沟时为细虚线,其他线型与建施图一致。

2)轴线及尺寸:结施图中的轴线编号和轴间尺寸必须与建筑平面图相一致,还应标注基础、基础梁与轴线的关系尺寸。

3)基础墙:图7-6中基底轮廓线内侧的两条中粗实线为基础墙轮廓线,表示条形基础与地面上墙体交接处的宽度(一般与地面上墙体等宽)。

4)桩基础:图中中粗实线绘制的线圈即桩基础的轮廓线,代号"WZ"表示人工挖孔桩,线圈内的十字表示桩孔圆心的位置。

5)基础梁:图中连接桩基础的两条细实线表示基础梁轮廓线,基础梁承担其上方墙体的荷载,并加强结构的刚度。

6)断面剖切符号:在基础的不同位置,其断面的形状、尺寸、配筋、埋置深度及相对于轴线的位置等都可能有所不同,需分别画出它们的断面图,并在基础平面图的相应位置画出断面剖切符号,如图7-6所示。

从图7-7可以看出基础的平面布置情况及基础、基础梁相对于轴线的位置关系等。例如,整栋住宅的基础均采用人工挖孔桩,以①轴线为例,在该轴线上编号为WZ1、WZ2的桩基础和基础梁的中心都与轴线重合,而⑤轴线上Ⓒ~Ⓓ轴间的基础梁就没有居中而是偏心布置,梁中心距轴线为300 mm。此外,在基础平面布置图中可不画出基础的细部投影,而后在基础详图中将其细部形状反映出来。

(3)基础详图(图7-8)。基础详图主要表示基础的断面形状、尺寸、材料及相应的做法。图7-8所示为上述住宅的桩基础详图,包括基础设计说明、桩身配筋详图、桩护壁配筋详图和桩断面及配筋表。

基础详图的线型表达为:构件轮廓线为细实线,主筋为粗实线,箍筋为中实线。

图 7-4 基础形式示意
(a)柱下条形基础；(b)杯形(独立)基础；
(c)桩基础；(d)筏形基础；(e)箱形基础

图 7-5 墙下条形基础示意

图7-6 某宿舍墙下条形基础施工

图7-7 某住宅桩基础平面布置图

基础设计说明

1. 本工程基础采用人工挖孔扩底灌注桩基础,桩端持力层为中风化泥岩,要求桩端进入持力层不小于1倍桩径,桩长根据中风化泥岩深度确定且不小于6 m。根据地勘资料,中风化泥岩层的天然湿度单轴抗压强度标准值取为 $f_{rc}=4.5$ MPa。还应进行可靠的成桩质量检查和单桩竖向极限承载力标准值检测。
2. 桩身混凝土为C25;混凝土护壁为C20混凝土,进入基岩后可不做桩身护壁。
3. 桩身纵筋保护层厚度为50 mm,地梁纵筋保护层厚度为40 mm。
4. 地梁及柱纵筋均须锚入桩内40d,桩间距≤2 100 mm时应采用跳挖施工。
5. 各桩未注明定位尺寸时,桩中心与柱中心重合;地梁未注明定中心线,均与轴线重合。
6. 挖孔桩施工时必须采取可靠的降排水措施,孔底不得有积水,及时清除护壁上的泥浆和孔底残渣,并及时通知设计及相关人员检验验收,经验收合格成孔后,方可浇筑桩身混凝土。
7. ±0.000以下砌体采用MU10页岩砖,M10水泥砂浆砌筑,两侧采用防水砂浆粉面。

桩断面及配筋表

桩基编号	墩几何尺寸			纵筋Ⓐ	螺旋箍筋	单桩竖向承载力极限值/kN	备注
	d/mm	D/mm	h/mm				
WZ1	800	800		10Φ12	见桩身大样	2 500	
WZ2	800	1 200	600	12Φ12	见桩身大样	3 600	
WZ3	800	1 400	900	12Φ14	见桩身大样	4 950	

图 7-8 某住宅桩基础详图

基础设计说明可以放在基础详图中,也可以放在施工图设计总说明中,其主要内容有:
1)基础形式;
2)持力层选择;
3)地基承载力;
4)基础材料及其强度;
5)基础的构造要求;
6)防潮层做法及基础施工要求;
7)基础验收及检验要求。

在桩基础详图中,由于不同编号桩的尺寸规格和配筋构造大致相同,因此,可以用一个桩身详图来统一表示,而对于各桩的特殊尺寸、配筋、承载力等则列表注明,即桩断面及配筋表。

如图7-8所示,各桩桩顶标高均为-1.150 m;沿桩身长度方向均配有钢筋规格为HPB300级、直径为8 mm的螺旋箍筋,距桩顶1 800 mm范围内为箍筋加密区,螺旋箍筋的间距为100 mm,而非加密区螺旋箍筋的间距为200 mm;另外,沿桩身长度方向还配有钢筋规格为HRB335级,直径为16 mm,间距为2 000 mm的加劲箍筋。各桩的几何尺寸、主筋(纵筋)的配置情况和单桩承载力等则列表注明,如各桩桩径d为800 mm,WZ2、WZ3为扩底桩(桩底部直径大于上部桩身直径),扩底直径D分别为1 200 mm和1 400 mm。而对于桩WZ4(不做扩底),由于其截面形状与其他各桩不同,所以,单独画出其桩身断面图,以表达其截面尺寸和配筋情况。另外,图中还画出了桩身护壁详图,从图中可以详细了解护壁的截面尺寸和配筋情况。

7.2.3 楼层结构布置图

楼层(屋面)结构布置图是指假想沿楼面(屋面)将建筑物水平剖切后所得的楼面(屋面)的水平投影图,剖切位置在楼板处。它反映出每层楼面(屋面)上板、梁及楼面(屋面)下层的门窗过梁、圈梁等构件的布置情况以及现浇楼面(屋面)板的构造及配筋情况。绘制楼层结构布置图时采用正投影法。钢筋混凝土楼层结构一般采用预制装配式和现浇整体式两种施工方法。

(1)预制装配式楼层结构布置图的内容和画法。预制装配式是指将预制厂生产好的建筑构件运送到施工现场进行连接安装的施工方法。其楼层结构采用预制钢筋混凝土楼板压住墙、梁。构件一般采用其轮廓线表示:预制板轮廓线用细实线表示,被楼板挡住的墙体轮廓线用中虚线表示,而没有被挡住的墙体轮廓线用中实线表示,梁(单梁、圈梁、过梁)用粗单点长画线表示,门、窗洞口的位置用细虚线表示。为了便于确定墙、梁、板和其他构件的施工位置,楼层结构布置图画有与建筑施工图完全一致的定位轴线,并标出轴线间尺寸和总尺寸。

预制装配式结构的常用构件如板、过梁、楼梯、阳台等多采用国家或各地制定的标准图集,读图时应首先了解其图集规定的构件代号的含义,然后再看结构布置平面图,这样对构件的布置情况才可以完全了解。例如,国家建筑标准图集(13G322—1)中所给出的钢筋混凝土过梁代号的注写方式如图7-9所示。

下面以图7-10为例,说明预制装配式楼层结构布置图的基本内容。图中,Ⓑ轴线上标有"GL-4102"的粗单点长画线,表示该处门洞口上方有一根过梁,过梁所在的墙厚为240 mm,净跨度(洞口宽度)为1 000 mm,荷载等级为2级;外墙轴线上的粗单点长画线表示圈梁,编号为"QL",截面尺寸为240×240;细实线绘制的矩形线框表示钢筋混凝土预制板,常见的类型有平板、槽形板和空心板,由于预制楼板大多数是选用标准图集,因此,在施工图中应标明预制板的代号、跨度、宽度及所能承受的荷载等级,如图中"3Y-KB395-3"表示3块预应力空心板,板跨度为3 900 mm,宽度为500 mm(常用板宽为500 mm、600 mm和900 mm等),荷载等级为3级。

图 7-9 钢筋混凝土过梁代号注写方式

图 7-10 某宿舍楼层预制楼盖结构布置图(局部)

(2)现浇整体式楼层结构布置图的内容和画法。现浇整体式钢筋混凝土楼盖由楼板、次梁和主梁构成,三者在施工现场用混凝土整体浇筑,结构刚度较好,适应性强,但模板用量较多,现场湿作业量大,施工工期较长,成本比预制装配式楼层要高。

现浇整体式楼层布置图的线型表达为:中实线表示未被楼面构件挡住的墙体,而被楼面构件挡住的墙体则用中虚线表示,未被楼面构件挡住的梁为细实线,被楼面构件挡住的梁为细虚线,柱截面按实际尺寸绘制,需要用图例填充。当绘图比例小于1∶50时,可以直接涂黑,而屋顶柱用中实线绘制,不用涂黑。下层的门窗洞口及雨篷为细实线,现浇楼板有高差时,其交界线为细实线,并以粗实线画出受力钢筋,每种规格的钢筋可只画一根,并应注明其规格、直径、间距和数量等。

楼层结构布置图的读图方法和步骤为:

1)看图名、轴线、比例弄清各种文字、字母和符号的含义,了解常用构件的代号。

2)弄清各种构件的空间位置,如该楼层中哪个房间有哪些构件,构件数量有多少。
3)构件数量、构件详图的位置,采用标准图的编号和位置。
4)弄清各种构件的关系及相互的连接和构造。
5)结合设计说明了解设计意图和施工要求。

  图 7-11~图 7-15 分别为"任务 6"中建施图所示住宅的顶板结构平面布置图,下面以其为例介绍现浇整体式楼层结构布置图的基本内容。如图 7-11 所示,本层(一层)现浇板钢筋采用规格为 HRB500 级热轧带肋钢筋,板厚为 100 mm。楼层结构布置图中应标注轴线编号、轴间尺寸、轴线总尺寸以及各梁与轴线的关系尺寸,此外,还应标注该层的楼面标高,图中在图名右侧注有一层楼面标高为 3.000 m,对于与楼面标高存在高差的房间,应将其高差注写在图中该房间位置,如⑮~⑰轴间的卫生间板面标高为 $h-0.060$ m,表示该房间相对于本层楼面标高降低了 60 mm,又如位于楼层两端的卧室、书房等房间的板面标高为 $h+0.450$ m,表示这些房间相对于本层楼面抬升了 450 mm。当个别房间的板厚与设计说明中的板厚不同时应单独将其厚度注写在该房间位置,如图中①~③轴线间的卧室板厚为 110 mm,④~⑦轴线间的客厅板厚为 120 mm。对于楼层平面中的梁、柱等构件还应进行编号,如图中阳台转角柱 Z-1 等。

  由于该住宅单元的两个户型完全相同,结构布置也完全相同,因此,左边的户型内仅绘制顶层的钢筋,而在右边的户型内绘制底层的钢筋和标高标注。在楼层结构布置图中表达楼板的双层配筋时,底层钢筋弯钩应向上或向左,如图 7-16(a)所示;顶层钢筋则向下或向右,如图 7-16(b)所示。

  现浇楼板中的钢筋应进行编号。对型号、形状、长度及间距相同的钢筋采用相同的编号,底层钢筋与顶层钢筋应分开编号。图 7-11 中注明了各种钢筋的编号、规格、直径间距等,如④⌽8@200(图左上方)表示编号为 4 号的钢筋,直径为 8 mm,规格为 HRB500,间隔 200 mm 布置一根。5 号钢筋与 4 号钢筋在直径、规格、间距等方面都相同,仅长度不同,所以也要对其另外编号。在布置板钢筋时还应注明钢筋切断点到梁边或墙边的距离,如 4 号钢筋切断点到墙边的距离为 530 mm。相同编号的钢筋可以仅对其中一根的长度、型号、间距和切断点位置进行标注,其他钢筋注明序号即可。

  除楼板的配筋情况外,在结构布置平面图中还应画出过梁的位置,从图 7-11 可以看出,门洞口和一些窗洞口上方均设有过梁,如Ⓑ轴线上的窗洞口过梁 GL4092;Ⓓ轴线上①~③轴间的 TC 为凸窗梁;⑨~⑪轴间有雨篷和楼梯,雨篷顶板由挑梁 TL-1 和边梁 BL1 承担;HTL 为楼梯横梁,XTB1 为 1 号现浇楼梯板。

  当楼层若干层结构布置情况完全相同时,这些楼层可用同一结构布置平面图来表示,称之为结构标准层,如图 7-12 所示,二至四层的顶板结构布置情况相同,为一个结构标准层,与一层顶板结构布置图相比,结构标准层的区别只是在⑨~⑪轴间无雨篷,其他大致相同。

  图 7-13 所示为五层顶板结构平面布置图,和结构标准层相比,不同之处在于图中②~④轴交Ⓐ~Ⓑ轴房间内增设由六层通向六加一层的楼梯。由于Ⓐ轴线上的柱 Z-1 已位于屋顶处,用中实线绘制,不用涂黑,其他结构布置情况大体相同。

  图 7-14 所示为六层顶板结构布置平面图,其中⑦~⑬轴交Ⓐ~Ⓑ轴处为孔洞,孔洞周边的墙可见,画成中粗实线;Ⓐ轴线、Ⓒ及Ⓓ轴线上的柱已位于屋顶处,用中实线绘制,不用涂黑。屋顶板结构布置平面图如图 7-15 所示,⑦~⑬轴间为孔洞,孔洞周边的墙可见,画成中粗实线;屋顶柱用中实线绘制,不用涂黑。

图7-11 某住宅一层顶板结构布置平面图

图7-12 某住宅二~四层顶板结构布置平面图

图7-13 某住宅五层顶板结构布置平面图

图7-14 某住宅六层顶板结构布置平面图

图7-15 某住宅屋顶板结构布置平面图

图 7-16 板双层配筋画法
(a)板底层钢筋；(b)板顶层钢筋

7.2.4 构件详图

钢筋混凝土构件详图是加工钢筋，制作、安装模板，浇筑混凝土的依据。其包括模板图、配筋图、钢筋明细表及文字说明。

(1)模板图。模板图是指为安装模板、浇筑构件而绘制的图样。其主要表示构件的形状、尺寸、预埋件位置及预留洞口的位置和大小等，并详细标注其定位尺寸。对于外形较简单的构件，一般不必单独画模板图，只需在配筋立面图中将构件的外形尺寸表示清楚即可。

(2)配筋图。配筋图主要表示构件内部各种钢筋的布置情况，以及各种钢筋的形状、尺寸、数量、规格等，其内容包括配筋立面图、断面图和钢筋详图。其具体内容及要求如下：

1)梁的可见轮廓线以细实线表示，其不可见轮廓线以细虚线表示。

2)图中钢筋一律以粗实线绘制，钢筋断面以小黑圆点表示。箍筋若沿梁全长等距离布置，则在立面图中部画出三、四个即可，但应注明其间距。钢筋与构件轮廓线应有适当距离，以表示混凝土保护层厚度(按照规范规定，梁的保护层厚度为 25 mm，板为 15～20 mm)。

3)断面图的数量应视钢筋布置的情况而定，以将各种钢筋布置表示清楚为宜。

4)尺寸标注：在钢筋立面图中应标注梁的长度和高度，在断面图中应标注梁的宽度和高度。

5)对于配筋较复杂的构件，应将各种编号的钢筋从构件中分离出来，在立面图下方以与立面图相同的比例画出钢筋详图，并在图中分别标注各种钢筋的编号、根数、直径以及各段的长度(不包括弯钩长度)和总长。

(3)钢筋明细表。为便于预算编制和现场加工钢筋，常用列表的方式表示结构图中的钢筋形式及数量。其内容包括构件名称、构件数量、钢筋图(需画出钢筋形式)，钢筋根数、单根重量、总重等。

(4)文字说明。以文字形式说明该构件的材料、规格、施工要求、注意事项等。

下面以上述住宅的构件详图为例，说明构件详图的图示内容。

如图 7-17 所示，在楼层结构布置平面图中进行过编号的构件都画出了其相应的构件详图，其中有各种构件的断面图，如梁、柱、楼梯板、梁垫、凸窗梁等，以及圈梁的大样图和连接做法等内容。

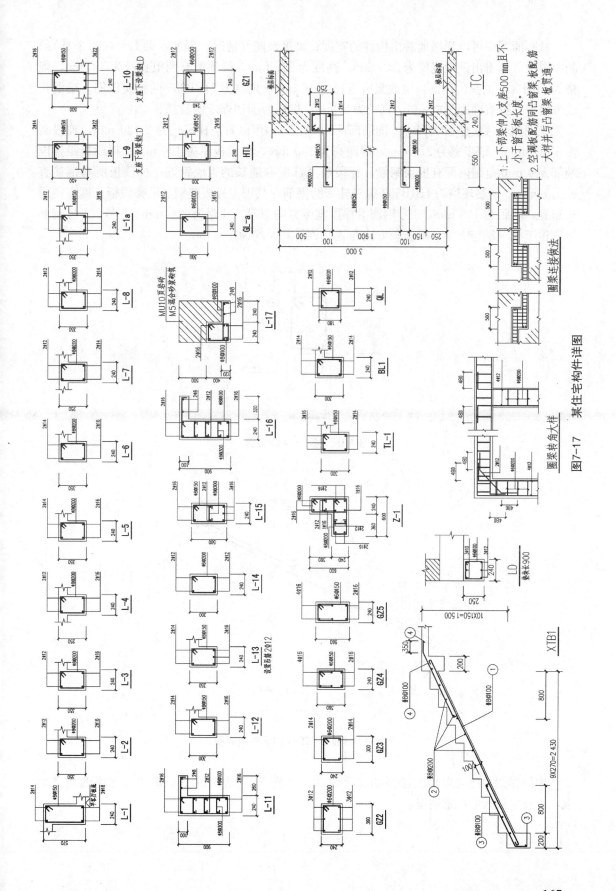

图7-17 某住宅构件详图

从断面图中可以详细地看出构件的宽度、高度及配筋情况。例如,梁 L—4(图 7-18)的断面图中可以看出该梁宽度为 240 mm,高度为 250 mm,梁顶配有两根直径为 12 mm,规格为 HRB335 的纵向钢筋,梁底配有直径为 16 mm,规格为 HRB335 的纵向钢筋,梁沿长度方向通长配有间距 200 mm,直径为 8 mm,规格为 HPB335 的箍筋。

又例如,从楼梯板 XTB1 的配筋断面图(图 7-19)可以看出梯段长为 2 430 mm,梯段高为 1 500 mm,踏步宽为 270 mm,踢面高为 150 mm,梯段板厚为 100 mm。梯段板距梯段端部 800 mm 范围内配有板顶钢筋,梯段板下部配有通长的板底钢筋;梯段板所有钢筋直径为 8 mm,钢筋规格为 HRB500 级热轧带肋钢筋,其中 1 号板底钢筋沿梯段板长度方向通长布置,间距为 100 mm,2 号钢筋沿梯段宽度方向布置,间距为 200 mm,3 号、4 号钢筋分别位于板下端与上端,沿板长方向布置,钢筋间距均为 100 mm。

图 7-18 梁 L—4 断面图

图 7-19 楼梯板 XTB1 的配筋断面图

构件详图中还可以加入必要的文字说明,如图 7-17 所示说明了梁伸入支座的构造要求,以及空调板的配筋情况。

7.3 混凝土结构施工图平面整体表示方法简述

7.3.1 概述

混凝土结构施工图平面整体表示方法，简称"平法"。其不仅是我国对混凝土结构施工图设计方法所作的重大改革，也是目前广泛应用的结构施工图画法。它是把结构构件的尺寸、形状和配筋按照平法制图规则直接表达在各类结构构件的平面布置图上，再与标准构件详图结合，构成一套完整的结构设计图。该方法表达清晰、准确，主要用于绘制现浇钢筋混凝土结构的梁、板、柱、剪力墙等构件的配筋图。

平法施工图应根据国家建筑标准设计图集《混凝土结构施工图平面整体表示方法制图规则和构造详图》中的制图规则绘制，现行图集的编号为16G101。

7.3.2 梁平法施工图的表示方法

梁平法施工图是在梁平面布置图上采用平面注写方式或截面注写方式表达的梁构件配筋图，钢筋构造要求按图集要求执行，并据此进行施工。

绘制梁平法施工图时，应分别按不同结构层将梁和与其相关的柱、墙、板一起采用适当的比例绘制，并注明各结构层的顶面标高及相应的结构层号。图中梁应进行编号，梁宽根据实际尺寸按比例绘制，梁平面位置要与轴线定位，对轴线未居中的梁，应标注其偏心定位尺寸，贴柱边的梁可不标注。

梁平法施工图的表示方法分为截面注写方式和平面注写方式。本教材主要介绍平面注写方式。

1. 截面注写方式

截面注写方式是在分标准层绘制的梁平面布置图上，分别在不同编号的梁中各选择一根梁用剖面号引出配筋图，并在其上注写配筋尺寸和配筋具体数值的方式来表达梁平法施工图。

2. 平面注写方式

平面注写方式是在梁平面布置图上，分别在不同编号的梁中各选1根梁，在其上注写截面尺寸和配筋具体数值的方式来表达梁平法施工图(图7-20)。平面注写方式又分为集中标注与原位标注。集中标注表达梁的通用数值，原位标注表达梁的特殊数值。当集中标注的某项数值不适用于梁的某部位时，则将该数值原位标注，施工时，原位标注取值优先。

图 7-20 梁平面注写方式示意图

梁编号由梁类型、代号、序号、跨数及有无悬挑组成,应符合表 7-4 的规定。

表 7-4 梁编号表

梁类型	代号	序号	跨数及是否带悬挑
楼层框架梁	KL	××	(××)、(××A)或(××B)
楼层框架扁梁	KBL	××	(××)、(××A)或(××B)
屋面框架梁	WKL	××	(××)、(××A)或(××B)
框支梁	KZL	××	(××)、(××A)或(××B)
托柱转换梁	TZL	××	(××)、(××A)或(××B)
非框架梁	L	××	(××)、(××A)或(××B)
悬挑梁	XL	××	(××)、(××A)或(××B)
井字梁	JZL	××	(××)、(××A)或(××B)

注:(××A)为一端悬挑,(××B)为两端悬挑,悬挑不计入跨数。

例如,JL19(2A)表示第 19 号基础梁 2 跨,一端有悬挑;L9(7B)表示第 9 号非框架梁,7 跨,两端有悬挑。

下面以图 7-21 为例,介绍平面注写方式的主要内容。

(1)集中标注。梁集中标注的内容有五项必注值及一项选注值(集中标注可以从梁的任意一跨引出),其中五项必注值及其标注规则如下:

1)梁的编号:按表 7-4 规定执行。其中,对井字梁编号中关于跨数的规定见 16G101—1 的第 4.2.7 条。

图 7-21 某工程二层梁平法施工图

2) 梁截面尺寸。

① 当为等截面梁时，用 $b \times h$ 表示。如图 7-22 所示，梁的截面尺寸为 300 mm（宽）× 750 mm（高）。

② 当为竖向加腋梁时，用 $b \times h \ Y c_1 \times c_2$ 表示，其中 c_1 为腋长，c_2 为腋高。如图 7-23 所示，梁的截面尺寸为 300 mm（宽）× 750 mm（高）；加腋部分尺寸，腋长 500 mm，腋高 250 mm。

③ 当为水平加腋梁时，一侧加腋时用 $b \times h \ PY c_1 \times c_2$ 表示，其中 c_1 为腋长，c_2 为腋宽，如图 7-24 所示。

④ 当有悬挑梁且根部和端部的高度不同时，用斜线分隔根部与端部的高度值，即为 $b \times h_1 / h_2$，如图 7-25 所示。

图 7-22 等截面梁示意

(a) 立面图；(b) 立体图

图 7-23 竖向加腋梁示意

(a) 立面图；(b) 立体图

图 7-24 水平加腋梁注写示意

图 7-25 悬挑梁不等高截面注写示意图

3）梁箍筋。梁箍筋注写内容包括钢筋级别、直径、加密区与非加密区间距及肢数。

①箍筋加密区与非加密区的不同间距及肢数用斜线"/"分隔。

例如，Φ8@100/200(2)，表示箍筋为 HPB300 级钢筋，直径为 8 mm，加密区间距为 100 mm，非加密区间距为 200 mm，双肢箍。

特别提示

如果箍筋的肢数为双肢箍，则箍筋间距后面的"(2)"可省略不写。

梁箍筋加密区与非加密区示意如图 7-26 所示。

图 7-26 梁箍筋加密区与非加密区示意

图 7-26 梁箍筋加密区与非加密区示意(续)

②当梁箍筋为同一种间距及肢数时，则不用斜线"/"。

例如，图 7-21 中的 $\begin{vmatrix} KL5(2) \\ 200\times600 \\ \phi8@100 \\ 2\phi25;\ 4\phi22 \end{vmatrix}$，框架梁的名称及编号为 KL5，两跨；梁的断面尺寸为梁宽 200 mm，梁高 600 mm；箍筋为直径 8 mm 的 HPB300 级钢筋，间距为 100 mm，双肢箍。

③当加密区与非加密区的箍筋肢数相同时，则将肢数标注一次，箍筋肢数写在括号内。

例如，图 7-21 中的 $\begin{vmatrix} KL4(2A) \\ 300\times600\ Y250\times250 \\ \phi8@100/200(4) \\ 2\phi22+(2\phi12);\ 4\phi22 \end{vmatrix}$，框架梁的名称及编号为 KL4，两跨一端有悬挑；梁的断面尺寸为梁宽 300 mm，梁高 600 mm；为加腋梁，腋长为 250 mm，腋高为 250 mm；箍筋为直径 8 mm 的 HPB300 级钢筋，加密区间距为 100 mm，非加密区间距为 200 mm，均为四肢箍。

④当加密区和非加密区箍筋肢数不同时，需要分别在括号里面标注。

例如，$\begin{vmatrix} KL4(2A) \\ 300\times600\ Y250\times250 \\ \phi8@100(4)/200(2) \\ 2\phi22;\ 4\phi22 \end{vmatrix}$ 中的箍筋，表示箍筋为直径 8 mm 的 HPB300 级钢筋，加密区间距为 100 mm，四肢箍；非加密区间距为 200 mm，双肢箍。

⑤非框架梁、悬挑梁、井字梁采用不同的箍筋间距及肢数时，也用斜线"/"将其分隔开来。注写时，先注写梁支座端部的箍筋(包括箍筋的箍数、钢筋级别、直径、间距与肢数)，在斜线后注写梁跨中部分的箍筋间距及肢数。

例如，16φ8@150(4)/200(2)，表示箍筋为直径 8 mm 的 HPB300 级钢筋，梁两端各有 16 根间距为 150 mm 的四肢箍，梁中间部分为间距 200 mm 的双肢箍。

又如，9φ12@100/200(6)，表示箍筋为直径 12 mm 的 HPB300 级钢筋，梁两端各有 9 根间距为 100 mm 的六肢箍，梁中间部分为间距 200 mm 的六肢箍，如图 7-27 所示。

4)梁上部通长筋或架立筋配置。

①通长筋是指直径不一定相同但必须采用搭接、焊接或机械连接接长且两端在端支座锚固的钢筋。

图 7-27　非框架梁两种箍筋间距示意图

②当同排纵筋中既有通长筋又有架立筋时，用加号"＋"将通长筋和架立筋相连。标注时，将角部纵筋写在加号的前面，架立筋写在加号后面的括号内，以示不同直径及与通长筋的区别。当全部采用架立筋时，则将其写入括号内。

例如，2Φ20＋(2Φ12)，2Φ20 代表角部的通长筋，2Φ12 代表中部的架立筋，如图 7-28 所示。

图 7-28　梁上部通长筋及架立筋示意图
（a）平法标注；(b)立体图

又如，如果 2Φ20＋(2Φ12) 用于四肢箍，则 2Φ20 代表角部的通长筋，2Φ12 代表中部的架立筋，如图 7-29 所示。

图 7-29　梁上部通长筋及架立筋(四肢箍)立体图

③当梁的上部纵筋和下部纵筋为全跨，且多数跨配筋相同时，此项可加注下部纵筋的配筋值，并用分号";"将上部与下部纵筋的配筋值分隔开来。

例如，图 7-21 中Ⓔ轴的 KL1 的集中标注如图 7-30 所示，框架梁的名称为 KL1，三跨；梁的断面尺寸为梁宽 250 mm，梁高 500 mm；箍筋为直径 8 mm 的 HPB300 级钢筋，加密区间距为 100 mm，非加密区间距为 200 mm，双肢箍；梁的上、下部通长筋均为 2 根直径 20 mm 的 HRB335 级钢筋。

图 7-30　梁上部和下部均有通长筋时的平法标注

5) 梁侧面纵向构造钢筋或受扭钢筋配置。

①当梁腹板高度≥450 mm 时，需配置纵向构造钢筋，此项标注值以大写字母 G 打头，接续标注配置在梁两个侧面的总配筋值，且对称配置。

例如，图 7-31 中的 G4ϕ10，表示梁的两个侧面共配置 4ϕ10 的纵向构造钢筋，每侧各配置 2ϕ10。

②当梁侧面需配置受扭纵向钢筋时，此项标注值以大写字母 N 打头，接续标注配置在梁两个侧面的总配筋值，且对称配置。

例如，图 7-32 中的 N4ϕ16，表示梁的两个侧面共配置 4ϕ16 的受扭纵向钢筋，每侧各配置 2ϕ16。

图 7-31　梁侧面纵向构造钢筋配置

图 7-32　梁侧面纵向受扭钢筋示意图
(a) 平法标注；(b) 立体图

> **特别提示**
>
> 受扭纵向钢筋应满足梁侧面纵向构造钢筋的间距要求,且不再重复配置纵向构造钢筋。当为梁侧面构造钢筋时,其搭接与锚固长度可取为 $15d$。
>
> 当为梁侧面受扭纵向钢筋时,其搭接长度为 l_l 或 l_{lE}(抗震),锚固长度为 l_a 或 l_{aE}(抗震),其锚固方式同框架梁下部纵筋,如图 7-33 所示。

图 7-33 框架梁下部纵筋锚固构造
(a)楼层框架梁 KL 纵向钢筋构造;(b)端支座直锚

6)梁顶面标高高差。梁顶面标高高差是指相对于结构层楼面标高的高差值。有高差时,将其写入括号内。当某梁的顶面高于所在结构层的楼面标高时,其标高高差为正值;反之,为负值。

例如,某结构标准层的楼面标高为 44.950 m 和 48.250 m,当某梁的梁顶面标高高差标注为(-0.700)时,即表明该梁顶面标高分别相对于 44.950 m 和 48.250 m 低 0.700 m,如图 7-34 所示。

(2)原位标注。

1)梁支座上部纵筋。梁支座上部纵筋包含上部通长筋在内的所有通过支座的纵筋。

图 7-34 梁顶面标高高差示意图
(a)平法标注；(b)立体图

①当上部纵筋多于一排时，用斜线"/"将各排纵筋自上而下分开。例如，梁支座上部纵筋标注为 6⊈20 4/2，则表示上一排纵筋为 4⊈20，下一排纵筋为 2⊈20，如图 7-35 所示。

图 7-35 梁支座上部纵筋示意图
(a)原位标注；(b)立体图；(c)立面图、断面图及立体示意对照图

②当同排纵筋有两种直径时，用加号"+"将两种直径的纵筋相连，标注时将角部纵筋写在前面。

例如，梁支座上部标注为 2⊈25+4⊈22，表示梁支座上部有 6 根纵筋，2⊈25 放在角部，

4⌀22 放在中部。

③当梁中间支座两边的上部纵筋不同时,须在支座两边分别标注;当梁中间支座两边的上部纵筋相同时,可只在支座的一边标注配筋值,另一边省去不注,如图 7-36、图 7-37 所示。

图 7-36 梁中间支座两边上部纵筋示意图
(a)平法标注;(b)立体图

图 7-37 大小跨梁支座上部纵筋平法标注

2)梁下部纵筋。

①当下部纵筋多于一排时,用斜线"/"将各排纵筋自上而下分开。例如,梁下部纵筋标注为 6⌀25 2/4,则表示上一排纵筋为 2⌀25,下一排纵筋为 4⌀25,全部伸入支座,如图 7-38 所示。

②当同排纵筋有两种直径时，用加号"＋"将两种直径的纵筋相连，标注时角筋写在前面，如图 7-39 所示。

图 7-38　梁下部纵筋原位标注　　　　　图 7-39　梁下部纵筋原位标注

③当梁下部纵筋不全部伸入支座时，将梁支座下部纵筋减少的数量写在括号内。

例如，梁下部纵筋标注为 6Φ20 2(－2)/4，表示上一排纵筋为 2Φ20，且不伸入支座；下一排纵筋为 4Φ20，全部伸入支座，如图 7-40 所示。

图 7-40　不伸入支座的梁下部纵向钢筋断点位置

又如，梁下部纵筋标注为 2Φ25＋3Φ20(－3)/5Φ20，表示上一排纵筋为 2Φ25 和 3Φ20，其中 3Φ20 不伸入支座；下一排纵筋为 5Φ20，全部伸入支座。

④当梁的集中标注中已分别标注了梁上部和下部均为通长的纵筋值时，则不需再在梁下部重复作原位标注。

⑤当梁设置竖向加腋时，加腋部位下部斜纵筋应在支座下部以 Y 打头标注在括号内。当梁设置水平加腋时，水平加腋内上、下部斜纵筋应在加腋支座上部以 Y 打头标注在括号内，上下部斜纵筋之间用"/"分隔，如图 7-41 所示。

当在梁上集中标注的内容(即梁截面尺寸、箍筋、上部通长筋或架立筋，梁侧面纵向构造钢筋或受扭纵向钢筋，以及梁顶面标高高差中的某一项或几项数值)不适用于某跨或某悬挑部分时，则将其不同数值原位标注在该跨或该悬挑部位。施工时，应按原位标注数值取用，如图 7-41(a)的中间跨的扭筋。

当在多跨梁的集中标注中已注明加腋，而该梁某跨的根部却不需要加腋时，则应在该跨原位标注等截面的 $b×h$，以修正集中标注中的加腋信息，如图 7-41(a)的中间跨。

3)附加箍筋或吊筋。将附加箍筋或吊筋直接画在平面图中的主梁上，用线引注总配筋值(附加箍筋的肢数注在括号内)。当多数附加箍筋或吊筋相同时，可在梁平法施工图上统一注明。少数与统一注明值不同时，再原位引注，如图 7-42 所示。

图 7-41 加腋梁平法标注

(a)梁竖向加腋平面注写方式;(b)梁水平加腋平面注写方式;(c)框架梁水平、竖向加腋构造

7.3.3 柱平法施工图的表示方法

柱平法施工图是在柱平面布置图上,采用列表注写方式或截面注写方式表示柱的截面尺寸和配筋情况的结构施工图。柱平面布置图可采用适当比例单独绘制,也可以与剪力墙平面布置图合并绘制。在柱平法施工图中应注明各结构层的楼面标高、结构层高及相应的结构层号。

图 7-42 附加箍筋和吊筋示意图
(a)平面注写方式；(b)配筋构造

(1)列表注写方式。列表注写方式是在柱的平面布置图上一般只需采用适当比例绘制一张柱平面布置图，包括框架柱、框支柱、梁上柱和剪力墙上柱，分别在同一编号的柱中选择一个(有时需选择几个)截面标注几何参数代号；在柱表中注写柱编号、柱段起止标高、几何尺寸(含柱截面对轴线的偏心情况)与配筋具体数值，并配以各种柱截面形状及其箍筋类型图的方式来表达柱平法施工图，如图 7-43 所示。

(2)截面注写方式。截面注写方式是在柱平面布置图的柱截面上，分别在统一编号的柱中选择一个截面，以直接注写截面尺寸和配筋具体数值的方式来表达柱平法施工图，如图 7-44 所示。

关于柱平法施工图的具体绘制要求以及剪力墙平法施工图的内容，请根据专业需要查阅国家建筑标准设计图集《混凝土结构施工图平面整体表示方法制图规则和构造详图(现浇混凝土框架、剪力墙、梁、板)》(16G101—1)。

图 7-43 柱平法——列表注写方式

图 7-44 柱平法施工图 1:100（截面注写方式）

复习思考题

1. 什么是建筑物的结构构件，其中哪些构件是主要承重构件？
2. 混合结构民用建筑的结构施工图包括哪些基本内容？
3. 钢筋混凝土构件的钢筋，按其作用可分为哪几类？
4. 何为基础平面图，图中的桩基础采用什么线型绘制？
5. 在基础详图中，如何进行构件的线型表达？
6. 在某工程的预制装配式楼层结构布置图中的一门洞口上方标有"GL4303"，在其隔壁房间的中部标有"7Y—KB336—4"，请分别解释这两个代号的含义。
7. 简述现浇楼板双层配筋的画法，并结合图示表达。
8. 构件详图包括哪些基本内容？
9. 构件详图中的钢筋应如何绘制？
10. 何为结构平法施工图？
11. 梁平法施工图有哪些表示方法？何为平面注写方式？
12. 集中标注包含哪些注写项目，其中哪些为必注值，哪些为选注值？
13. 图7-45所示为一钢筋混凝土框架结构的梁平法施工图（局部），根据框架梁KL2的集中标注与原位标注内容写出该梁的基本情况。

图7-45　某框架结构梁平法施工图（局部）

任务8　建筑给水排水施工图的阅读与绘制

> **学习要点**
>
> 了解建筑设备施工图主要包含了哪些专业的内容；了解室外给水排水管网图的主要绘制内容、常用比例；了解室内给水排水平面图、系统图、大样图的主要构成内容、常用比例；熟悉室内给水排水管道和设备的表示方法、常用图例；熟悉室内给水排水图纸的绘制方法；学会识读建筑给水排水施工图。

建筑给水排水施工图的阅读与绘制

8.1　概　　述

建筑设备是房屋的重要组成部分，安装在建筑物内的给水排水管道，与强电、弱电线路，燃气管道，暖通、空调等管道，以及相应的设施、装置都属于建筑设备工程。建筑设备工程是一栋房屋能正常使用的必备条件。它们都是服务于建筑物，但不属于其土建部分。所以，建筑设备施工图是在已有的建筑施工图基础上来绘制的。

建筑设备施工图，无论是水、电、暖通中的任意一种专业图，一般都是由平面图、系统图、详图及统计表、文字说明组成。在图示方法上有两个主要特点：第一，建筑设备的管道或线路是设备施工图的重点，通常用单粗线绘制；第二，建筑设备施工图中的建筑图部分不是为土建施工而绘制的，而是作为建筑设备的定位基准而画出的，一般用细线绘制，不画建筑细部。

建筑设备施工图简称"设施图"。其中，为房屋系统地供给生产、生活、消防用水以及排除生活、生产污废水、雨水而建设的一整套工程设施的图样总称为建筑给水排水施工图，简称"水施图"。它一般由：目录、设计说明、材料表、给水排水平面图、给水系统图、排水系统图及必要的详图组成。本任务将介绍建筑给水排水系统的组成、建筑给水排水常用图例、给水排水平面图及系统原理图的阅读及绘制方法。

8.2　室内给水排水施工图

8.2.1　建筑给水排水的组成

1. 建筑给水

民用建筑给水通常分生活给水系统和消防给水系统。生活给水系统一般含冷、热水系统；消防给水系统一般含消火栓给水系统与自动喷水灭火系统。现以生活、消防给水为例说明建筑给水的主要组成，如图 8-1 所示。

(1)引入管。引入管又称进户管，是从室外供水管网接出，一般穿过建筑物基础或外墙，引入建筑物内的给水连接管段。每条引入管应有不小于 3‰ 的坡度坡向外供水管网，并应安装阀门，必要时还要设泄水装置，以便管网检修时放水用。

(2)配水管网。配水管网即将引入管送来的给水输送给建筑物内各用水点的管道，包括水平干管、给水立管和支管。

(3)配水器具。配水器具包括与配水管网相接的各种阀门、给水配件(放水龙头、皮带龙头等)。

(4)贮水池、高位水箱及加压装置。当外部供水管网的水压、流量经常或间断不足，不能满足建筑给水的水压、水量要求，需设贮水池或高位水箱及水泵等加压装置。

(5)水表。水表用来记录用水量。根据具体情况可在每个用户、每个单元、每幢建筑物或一个居住区内设置水表。需单独计算用水量的建筑物，水表应安装在引入管上，并装设检修阀门、旁通管等。通常把水表及这些设施通称为水表节点。室外水表节点应设置在水表井内。

图 8-1 建筑给水系统的组成

2. 建筑排水

民用建筑排水主要是排出生活污水、屋面雨(雪)水及空调冷凝水。一般民用建筑物如住宅、办公楼等可将生活污(废)水合流排出，雨水管单独设置。现以排除生活污水为例，说明建筑排水系统的主要组成，如图 8-2 所示。

图 8-2　建筑排水系统的组成

(1)卫生器具及地漏等排水泄水口。

(2)排水管道及附件。

1)存水弯(水封段)。存水弯的水封将隔绝和防止有异味、有害、易燃气体及虫类通过卫生器具泄水口侵入室内。常用的管式存水弯有 S 形和 P 形。

2)连接管。连接管即连接卫生器具及地漏等泄水口与排水横支管的短管(除坐式大便器、钟罩式地漏外，均包括存水弯)，也称卫生器具排水管。

3)排水横支管。排水横支管接纳连接管的排水并将排水转送到排水立管，且坡向排水立管。若与大便器连接管相接，排水横支管管径应不小于 100 mm，坡向排水立管的标准坡度为 0.02。

4)排水立管。排水立管即接纳排水横支管的排水并转送到排水排出管(有时送到排水横干管)的竖直管段。其管径不能小于 DN50 或所连横支管管径。

5)排出管。排出管是将排水立管或排水横干管送来的建筑排水排入室外检查井(窨井)并坡向检查井的横管。其管径应大于或等于排水立管(或排水横干管)的管径，坡度为 1‰～3‰，最大坡度不宜大于 15‰，在条件允许的情况下，应尽可能取高限，以利于尽快排水。

6)出户检查井。建筑排水检查井在室内排水排出管与室外排水管的连接处设置，将室内排水安全地输至室外排水管道中。

7)伸顶通气管。伸顶通气管即顶层检查口以上的立管管段。它排除有害气体,并向排水管网补充新鲜空气,利于水流畅通,保护存水弯水封。其管径一般与排水立管相同。通气管口高出屋面的高度不得小于0.3 m,且应大于屋面最大积雪厚度,在经常有人停留的平屋面上,通气管口应高出屋面2 m。

8)管道检查、清堵装置。管道检查、清堵装置如清扫口、检查口。清扫口可单向清通,常用于排水横支管上。检查口则为双向清通的管道维修口。排水立管上的检查口之间的距离不大于10 m,通常每隔一层设一个检查口,但底层和顶层必须设置检查口。其中心应在相应楼(地)面以上1.00 m处,并应高出该层卫生器具上边缘0.15 m。

8.2.2 建筑给水排水图例

按照《建筑给水排水制图标准》(GB/T 50106—2010),建筑给水排水常见线型和图例见表8-1、表8-2。

表8-1 建筑给水排水图线型

名称	线型	线宽	用途
粗实线	———————	b	新设计的各种排水和其他重力流管线
粗虚线	— — — — —	b	新设计的各种排水和其他重力流管线的不可见轮廓线
中粗实线	———————	$0.7b$	新设计的各种给水和其他压力流管线;原有的各种排水和其他重力流管线
中粗虚线	— — — — —	$0.7b$	新设计的各种给水和其他压力流管线;原有的各种排水和其他重力流管线的不可见轮廓线
中实线	———————	$0.5b$	给水排水设备、零(附)件的可见轮廓线;总图中新建的建筑物和构筑物的可见轮廓线;原有的各种给水和其他压力流管线
中虚线	— — — — —	$0.5b$	给水排水设备、零(附)件的不可见轮廓线;总图中新建的建筑物和构筑物的不可见轮廓线;原有的各种给水和其他压力流管线的不可见轮廓线
细实线	———————	$0.25b$	建筑的可见轮廓线;总图中原有建筑物和构筑物的可见轮廓线;制图中的各种标注线
细虚线	— — — — —	$0.25b$	建筑的不可见轮廓线;总图中原有建筑和构筑物的不可见轮廓线
单点长画线	—·—·—·—	$0.25b$	中心线、定位轴线
折断线	—/\—	$0.25b$	断开界线

续表

名称	线型	线宽	用途
波浪线	～～～	0.25b	平面图中水面线；局部构造层次范围线；保温范围示意线

表 8-2 建筑给水排水图例

序号	名称	图例	备注
1	给水管	—— J ——	
2	热水给水管	—— RJ ——	
3	通气管	—— T ——	
4	污水管	—— W ——	
5	雨水管	—— Y ——	
6	排水明沟	坡向 →	
7	排水暗沟	坡向 →	
8	立管检查口		
9	圆形地漏	平面　系统	
10	清扫口	平面　系统	
11	P形存水弯		
12	S形存水弯		

续表

序号	名称	图例	备注
13	通气帽	蘑菇形　成品	
14	水表		
15	浮球阀		
16	闸阀		
17	截止阀		
18	放水龙头/感应龙头		
19	淋浴器		
20	脚踏/感应冲洗阀		
21	消防给水管	——XH——	
22	室内单栓消火栓		
23	室内双栓消火栓		
24	室外消火栓		
25	挂式洗脸盆		

续表

序号	名称	图例	备注
26	台式洗脸盆		
27	厨房洗涤盆		
28	壁挂式小便器		
29	坐式大便器		
30	蹲式大便器		
31	浴盆		
32	矩形化粪池	HC	

8.2.3 建筑给水排水平面图

1. 建筑给水排水平面图的图示特点

为方便读图和画图，把同一建筑相应的给水平面图和排水平面图画在同一张图纸上，称其为建筑给水排水平面图。图 8-3～图 8-7 为某县质量技术监督局职工住宅的给水排水平面图。

建筑给水排水平面图应按直接正投影法绘制，它与相应的建筑平面图、卫生器具以及管道布置等密切相关，具有如下图示特点。

(1)比例。常用比例有：1:200、1:150、1:100。一般采用与其建筑平面图相同的比例，如 1:100、1:150。有时可将有些公共建筑及居住建筑的集中用水房间单独抽出用较其建筑平面图大的比例绘制。图 8-8 所示为某县质量技术监督局职工住宅厨、厕给水排水平面详图。常用详图比例为 1:50、1:30、1:20、1:10、1:5 等。

(2)布图方向。《房屋建筑制图统一标准》(GB/T 50001—2017)规定"不同专业的单体建(构)筑物平面图，在图纸上的布图方向均应一致"。因此，建筑给水排水平面图在图纸上的布图方向应与相应的建筑平面图一致。

图8-3 一层给水排水平面图

图8-4 二~五层给水排水平面图 1:100

图8-5 六层给水排水平面图

图8-6 六加一层给水排水平面图

图8-7 屋顶给水排水平面图

图 8-8 厨、厕给水排水平面详图

(3) 平面图的数量。建筑给水排水平面图原则上应分层绘制,并在图下方注写其图名。若各楼层建筑平面、卫生器具和管道布置、数量、规格均相同,可只绘标准层和底层给水排水平面图。

底层给水排水平面图一般应画出整幢建筑的底层平面图,其余各层则可以只画出装有给水排水管道及其设备的局部平面图,以便更好地与整幢建筑及其室外给水排水平面图对照阅读。标准层给水排水平面图通常也画标准层全部。

(4) 建筑平面图。用细实线(0.25b)抄绘墙身、柱、门窗洞、楼梯及台阶等主要构配件,不必画建筑细部,不标注门窗代号、编号等,但要画出相应轴线,楼层平面图可只画相应道尾边界轴线。底层平面图一般要画出指北针。

(5) 卫生器具平面图。卫生器具如大便器、小便器、洗脸盆等皆为定型生产产品,而大便槽、小便槽、污水池等虽非工业产品,却是现场砌筑,其详图由建筑设计提供,所以,卫生器具均不必详细绘制。定型工业产品的卫生器具用细线画其图例(表8-2),需现场砌制的卫生设施依其尺寸,按比例画出其图例,若无标准图例,一般只绘其主要轮廓。

(6) 给水排水管道平面图。给水排水管道及其附件无论在地面上或地面下,均可视为可见,按其图例绘制(表8-2);位于同一平面位置的两根或两根以上的不同高度的管道,为图示清楚，习惯画成平行排列的管道。管道无论明装、暗装，平面图中的管道线仅表示其示意安装位置，并不表示其具体平面定位尺寸。但若管道暗装，图上除应有说明外，管道线应画在墙身断面内。

当两根水管交叉时，位置较高的可通过，位置较低的在交叉投影处断开。

当给水管与排水管交叉时，应该连续画出给水管，断开排水管。

(7)标注。

1)尺寸标注。标注建筑平面图的轴线与编号和轴线间尺寸，若图示清楚，可仅在底层给水排水平面图中标注轴线间尺寸。标注与用水设施有关的建筑尺寸，如隔墙尺寸等。标注引水管、排水管的定位尺寸，通常注其与相邻轴线的距离尺寸。沿墙敷设的卫生器具和管道一般不必标注定位尺寸，若必须标注时，应以轴线和墙(柱)面为基准标注。卫生器具的规格可用文字标注在引出线上，或在施工说明中或在材料表中注写。管道的长度一般不标注，因为在设计、施工的概算和预算以及施工备料时，一般只需用比例尺从图中近似量取；在施工安装时则以实测尺寸为依据。平面图中，一般只注立管、引入管、排出管的管径，管径标注的要求见表8-3。除此以外，一般管道的管径、坡度等习惯标注在其系统图中，常不在平面图中标注。

表 8-3 管径标注要求

管径标准	用公称直径①DN 表示	用管道内径表示	用外径$D×$壁厚表示
适用范围	1. 水煤气输送管(镀锌或非镀锌) 2. 铸铁管	1. 耐酸陶瓷管 2. 混凝土管 3. 钢筋混凝土管 4. 陶土管(缸瓦管)	1. 无缝钢管 2. 焊接钢管② 3. 铜管 4. 不锈钢管
标注举例	DN32	d300	D108×4

注：①公称直径是工程界对各种管道及附件大小的公认称呼，对各类管子的准确含义是不同的。如对普通压力铸铁管等 DN 等于内径的真值；普通压力钢管的 DN 比其内径略小。
②见《建筑给水排水制图标准》(GB/T 50106—2010)。

2)标高标注。底层给水排水平面图中须标注室内地面标高及室外地面整平标高。标准层、楼层给水排水平面图应标注适用楼层的标高，有时还要标注用水房间附近的楼面标高。所注标高均为相对标高，并应取至小数点后三位。

3)符号标注。对于建筑物的给水排水进口、出口，宜标注管道类别代号，其代号通常采用管道类别的第一个汉语拼音字母，如"J"即给水，"W"即污水排水。当建筑物的给水排水进、出口数量多于1个时，宜用阿拉伯数字编号，以便查找和绘制系统图。编号宜按图8-9的方式表示(该图表示1号排出管或1号排出口)。

对于建筑物内穿过一层及多于一层楼层的竖管，用小圆圈表示，直径约为2 mm，称为立管，并在旁边标注立管代号，如"JL""WL"分别表示给水立管、污水排水立管。当立管数量多于1个时，宜用阿拉伯数字编号。编号宜按图8-10的方式表示(该图即表示1号给水立管)。

4)文字注写。注写相应平面的功能及必要的文字说明。

图 8-9 给水排水进出口编号表示法　　图 8-10 平面图上立管编号表示法

2. 建筑给水排水平面图的绘制

绘制建筑给水排水施工图,通常首先绘制给水排水平面图,然后绘其系统图。绘制建筑给水排水平面图时,一般先绘底层给水排水平面图,再绘标准层或其余楼层给水排水平面图。绘制一层给水排水平面图底稿的画图步骤如下:

(1)画建筑平面图。建筑给水排水平面图的建筑轮廓应与建筑专业一致,其画图步骤也与建筑图中绘制建筑平面图一样,先画定位轴线,再画墙身和门窗洞,最后画必要的构配件。

(2)画卫生器具平面图。

(3)画给水排水管道平面图。简单地说,画建筑给水平面图就是用沿墙的直线连接各用水点,画建筑排水平面图就是用沿墙的直线将卫生器具连接起来。

画建筑给水排水平面图时,一般先画立管,然后画给水引入管和排水排出管,最后按照水流方向画出各干管、支管及管道附件。

(4)画必要的图例。若只用了《建筑给水排水制图标准》(GB/T 50106—2010)中的标准图例,一般可不另画图例,否则必须列出图例。

(5)布置应标注的尺寸、标高、编号和必要的文字。所谓"布置",即用轻淡细线安排上述须标注内容的位置。

8.2.4 建筑给水排水系统图

给水排水系统图(各个系统单独绘制)反映给水排水管道系统的连接关系,水流的来源、去向;各系统的编号及立管编号;各管段的管径、坡度标高以及管道附件位置;设备的型号参数等。它与建筑给水排水平面图一起表达建筑给水排水工程空间布置情况。系统图一般分为系统轴测图和系统原理图。

(1)系统轴测图。系统轴测图是按正面斜等轴测或侧面斜等轴测投影法绘制的。图中标明管道走向、管径、仪表及阀门、控制点标高和管道坡度,各系统编号,各楼层卫生设备和工艺用水设备的连接点位置。如某几层卫生设备及用水点接管情况完全相同时,在系统轴测图上可只绘制一个有代表性楼层的接管图,其他各层注明同该层即可。在系统轴测图上,应注明建筑楼层标高、层数、室内外建筑平面标高差。卫生间给水排水系统大样图应绘制轴测图。

下面简要介绍一下给水排水系统轴测图的绘制。其具有下列主要特点:

1)比例。通常采用与之对应的给水排水平面图相同的比例,常用的有1∶150、1∶100、1∶50。当局部管道按比例不易表示清楚时,例如在管道和管道附件被遮挡,或者转弯管道变成直线等情况下,这些局部管道可不按比例绘制。

2)布图方向。给水排水系统图的布图方向应该与相应的给水排水平面图一致,如图 8-11 所示。

图 8-11　厨房卫生间给水排水系统轴测图

3)给水排水管道。给水管道系统图一般按各条给水引入管分组,排水管道系统图一般按各条排水排出管分组。引入管和排出管以及立管的编号均应与其平面图的引入管、排出管及立管对应一致。

系统图中给水排水管道沿 x_1、y_1 向的长度直接从平面图上量取,管道高度一般根据建筑层高、门窗高度、梁的位置以及卫生器具、配水龙头、阀门的安装高度等来决定。例如,洗涤池(盆)、盥洗槽、洗脸盆、污水池的放水龙头一般离地(楼)面 0.80 m,淋浴器喷头的安装高度一般离地(楼)面 2.100 m。设计安装高度一般由安装详图查得,也可根据具体情况自行设计。有坡向的管道按水平管绘制。管道附件、阀门及附属构筑物等用图例表示,见表 8-2。

当空间交叉的管道在图中相交时,应判别其可见性;在交叉处,可见管道连续画出,不可见管道线应断开画出。

当管道相对集中，即使局部不按比例也不能清楚地反映管道的空间走向时，可将某部分管道断开，移到图面合适的地方绘制，在两者需连接的断开部位应标注相同的大写拉丁字母表示连接编号，如图 8-12 所示。

图 8-12 管道连接符号

注：A—连接编号

4) 与建筑物位置关系的表达。为反映给水排水管道与相应建筑物的位置关系，系统图中要用细实线 (0.25b) 画出管道所穿过的地面、楼面、屋面、墙身等建筑构件的示意位置。所用图例见表 8-2。

5) 标注。

①管径标注。管径标注要求见表 8-3。可将管径直径注写在管道旁边。有时连续多段相同管径时，可只注出始、末段管径，中间段管径可省略不标注。

②标高标注。系统图仍然标注相对标高，并应与建筑图一致。对于建筑物，应标注室内地面、各层楼面及建筑屋面等部位的标高。对于给水管道，标注管道中心标高，通常要标注横管、阀门和放水龙头等部位的标高。对于排水管道，一般要标注立管或通气管的顶部、排出管的起点及检查口等的标高；其他排水横管标高通常由相关的卫生器具和管件尺寸来决定，一般可不标注其标高。必要时，一般标注横管起点的管内底标高。系统图中标高符号画法与建筑图的标高画法相同，但应注意横线要平行于所标注的管线。

(2) 系统原理图。随着经济的迅速发展，建筑项目的功能与体型日趋复杂、庞大，用传统的"系统轴侧图"画法绘制给水排水系统图绘制方法相对烦琐，不同层次的管线相互重叠，图面凌乱，表示起来费时费力且难以看懂。现已由绘制简单、图面简化的"系统原理图"所取代。原理图不按比例绘制，对轴测图的画线进行了简化，而在系统的原理及功能表述方面做了加强。系统原理图反映并规定整个系统的管道及设备连接状况，如立管的管径、各层横管与立管及给水排水点的连接、设备及构筑物（如水池、水泵等）的设计，反映系统的工艺及原理。如图 8-13、图 8-14、图 8-15 所示分别为给水、污水排水系统原理图，雨水排水系统原理图，空调排水系统原理图。

8.2.5 建筑给水排水图的识读

1. 方法

识读给水排水平面图时首先要明确在各层给水排水平面图中，用水房间有哪些，这些房间的卫生设备和管道如何布置；其次要搞清楚一共有几个给水系统和排水系统。识读给水排水系统图时，先要和给水排水平面图配合对照，给水系统图可以按照流水流向的顺序阅读，排水系统图可按卫生器具、排水支管、排水横管、立管、排出管的顺序进行识读。

2. 步骤

(1) 先看系统图，认清这套图里给水排水有几个系统，每个系统有几根立管，立管的高度，水平的环管是从哪层接的。

(2) 逐层查看平面图，找出各系统立管处于哪些位置，水平干管及支管的走向。

(3) 结合图纸说明、图例，了解各系统所用阀门的型号、规格，掌握泵的参数。

(4) 查阅每个大样图，对各个管井、机房、卫生间的排布做一定的了解。

图8-13 给水、污水排水系统原理图

图 8-14 雨水排水系统原理图

图 8-15 空调排水系统原理图

8.3 建筑给水排水总平面图

建筑给水排水总平面图在给水排水各阶段图纸设计中，是非常重要的一个组成部分。通常情况下，给水、污水、雨水、消防等管道宜绘制在一张图纸内。当管道种类较多，地形复杂，在同一张图纸内将全部管道表达不清楚时，宜按压力流管道、重力流管道等分类进行绘制。

建筑给水排水总平面图的绘制比例一般同建筑图，实际工程中常用比例为1∶500，如必要时也可以采用大于建筑总平面图的比例绘制。

在给水排水总平面图中，需要重点表达给水排水构筑物（消防水池、水箱、污水处理池等）的位置、设计参数；需要表达室外消火栓、室外消防车取水口、水泵接合器等消防设施的布置情况；需要表达市政给水排水管道与本项目给水排水管道的衔接、红线内各单体建筑间室外给水排水管道的衔接；需要表达场地雨污水的组织排放、雨水口、检查井的布置情况。如图8-16所示。

上述管道及构筑物，可以采用标注尺寸、标注管径、标高的方式进行表达；也可以采用标注坐标、列检查井标高、列坐标表、列材料表的方式来表达。材料表见表8-4。

表8-4　某展览馆总图图例

图例	名称	图例	名称
⊗	阀门井	——J——	拟建生活给水管
⦶	室外消火栓	——W——	拟建污水排水管
⊻	消防水泵接合器	——Y——	拟建雨水给水管
▶	水表井	——X——	拟建室外消防管
○Y ○W	雨、污水检查井	▨	化粪池
⊖	雨、污水跌水井	d300—0.005—18.55 m	管径 坡度 长度
▮▯	雨水口		

图 8-16 某展览馆给水排水总平面图 1:500

> **复习思考题**

1. 给水排水施工图制图的国家标准是什么?
2. 一套完整的给水排水施工图主要由哪些图纸组成?
3. 给水排水平面图的主要内容有哪些?
4. 给水排水系统图的主要内容有哪些?系统图是按哪种投影法绘制的?

任务9 计算机绘制建筑施工图

学习要点

主要学习运用"T20天正建筑"软件绘制施工图的内容,包括AutoCAD软件的使用环境、工作界面、图形文件管理、绘图命令、编辑修改命令、文字输入、尺寸标注、图层管理、查询命令、图案填充、块操作以及软件的常规设置。重点应掌握利用"T20天正建筑"软件绘制施工图的方法和技巧。

9.1 天正绘图软件的用户界面与常用绘图工具

9.1.1 天正用户界面

"天正建筑"绘图软件是基于AutoCAD基础上二次开发的成果。本任务主要介绍"T20天正建筑"以上版本,其使用平台为AutoCAD 2010以上版本,系统要求为Windows7(64位)以上,界面风格与Windows类似。

"T20天正建筑"启动之后会自动加载ACAD.dwt图形样板,它是本任务将要介绍的绘制建筑施工图所需样板。加载图形样板后就进入了"T20天正建筑"的工作界面,如图9-1所示,它主要包括绘图区、各种工具栏、视窗下拉菜单、命令窗口、状态显示栏、天正菜单等几个部分。

图9-1 T20天正建筑的工作界面

为方便设计和绘图，AutoCAD软件本身已提供了多达二十余种工具栏供用户选择，此外也可根据用户自身需要自行定制，一般初学者只需打开与当前操作相关的几个工具栏（如绘图、修改、对象属性控制工具栏等），并拖放到屏幕适当位置即可。另外天正建筑软件在此基础上还添加了独具特色的天正菜单，为绘制建筑专业图纸提供了许多特有的快捷方便的工具。

1. 工具栏

标准工具栏是AutoCAD 2014自带的重要操作按钮，由于它用途广、使用频繁，所以一般将它固定在窗口中AutoCAD下拉菜单的下方。它包含图形编辑、显示控制、文件管理和图样输出等多种功能。

对象属性控制工具栏位于标准工具栏的下方。它包括生成绘制对象、分配对象的线型、图层及颜色等工具，同时也提供层的操作，如层控制、颜色、线型等，其拥有多个对话窗，也可进行修改图元属性等操作，方便用户使用。

状态栏显示在窗口的最底部，反映当前的绘图状态，如当前绘图的出图比例、光标的坐标，绘图时是否打开了捕捉（SNAP）、栅格（GRID）、正交（ORTHO）、极轴追踪（POLAR）、对象捕捉（OSNAP）、对象捕捉追踪（OTRAK）、显示\隐藏线宽（LWT）等功能以及当前的绘图空间（MODEL\PAPER）等，同时各项状态的控制也可以依靠键盘上相应的F+数字系列按键来完成操作（图9-2）。

图9-2 状态栏

2. 常用工具栏

绘图工具栏可以用于直接进行图纸的绘制工作，如图9-3所示，该工具依次排列有：画直线、画结构线、画平行多线、画多义线、画正多边形、画矩形多义线、画弧、画圆、建立样条曲线、画椭圆、插入图块、定义图块、画点、域内填充、创建面域对象、多行文字标注等十六项图标，根据中、英文版本的不同，每一项图标均标注了相应的中英文命令名称，且对应各自的功能操作。

图9-3 绘图工具栏

图9-4为图形修改工具栏，该工具依次排列有删除、复制、镜像、偏移、阵列、平移、旋转、比例缩放、拉伸实体、延长实体、修剪、延伸、断开、倒角、圆角、炸开等十六项功能图标，每一项图标同样标注了相应的中、英文命令名称，且对应各自的功能操作。

状态栏显示在窗口的最底部，它反映当前的绘图状态，如当前光标的坐标，绘图时候是否打开了捕捉、栅格、正交、极轴追踪、对象捕捉、对象捕捉追踪、显示\隐藏线宽等功能以及当前的绘图空间等。

图 9-4 图形修改工具栏

天正菜单是本软件中最为引人注目的亮点,无论本身安装的 AutoCAD 是中文版本或英文版本,天正菜单都以纯中文形态醒目地出现。在这个栏目里的每一项都有相关的进一步功能,在鼠标点击以后可以看到呈现新的分支型菜单,功能十分强大,几乎囊括了所有的建筑图纸绘制过程所需要的操作。每一条指令的点击其实都是与此功能相应的多条 AutoCAD 基本指令的内部组合,而用户只需要找到相关的天正菜单指令一次性点击再按照提示进行操作就可以迅速完成,这也正是天正建筑软件用于建筑绘图的优势所在。

命令窗口是用于键盘输入指令的地方,适时显示当前的各种绘制指令和系统的反馈信息与提示,用户在使用鼠标点击其他指令栏或者下拉菜单时所下达的指令也可以在命令窗口看到相应的指令下达,便于学习和监控操作过程。

9.1.2 常用绘图命令

在使用"天正建筑"软件绘制或编辑图形时,用户既可以使用 AutoCAD 原本配置的各项功能,也可以使用"天正建筑"独有的菜单进行相对高级快捷的操作。指令的输入方式因此更加多样化,可以使用鼠标点击各种工具栏中的图标或指示发出命令,也可以利用视窗中的下拉菜单进入,同时也可以直接通过键盘敲入英文指令来完成一些基本的图形绘制过程。利用键盘输入和鼠标点击的配合可以更快地完成所需要的工作,在这里介绍一些常用键盘输入的绘图命令,它们多是 AutoCAD 所带的功能型命令,见表 9-1。

表 9-1 常用绘图命令

命令	简化命令	作用	命令	简化命令	作用
LINE	L	绘制直线	ERASE	E	擦除图形
CIRCLE	C	绘制圆形	TRIM	TR	修剪图形
ARC	A	绘制圆弧	EXTEND	EX	线条延伸
ELLIPSE	EL	绘制椭圆	STRETCH	S	图形拉伸
PLINE	PL	绘制多义线	SCALE	SC	比例放缩
SPLINE	SPL	绘制样条曲线	MOVE	M	图形移动
SOLID	SO	绘制实心多边形	OFFSET	O	图线偏移
POINT	PO	绘制点	COPY	CP	图形复制
HATCH	H	图形填充	FILLET	F	圆角
WBLOCK	W	制作图块	ARRAY	A	阵列
INSERT	I	插入图块	MIRROR	M	镜像
TEXT	T	注写文字	BREAK	BR	图线打断

续表

命令	简化命令	作用	命令	简化命令	作用
DDEDIT	ED	编辑文字	EXPLODE	EP	图块炸开
ZOOM	Z	屏幕缩放	PAN	P	屏幕移动

另外，用户在绘图过程的各项命令下达以后，常被系统回应提示需要输入一个数据或选择一个目标，这时可以利用相应的捕捉工具在屏幕上精确拾取，或采用键盘直接输入数据来响应。

为便于学习，本任务图例所涉及的操作均介绍各过程最常采用的命令输入形式，最大程度利用天正建筑软件所提供的便利优势。至于如何使用 AutoCAD 完整的键入命令来绘制和编辑图形的详尽办法，请参阅相关专著。另外在 T20 天正建筑中，除了特有的一套建立三维更加快捷的菜单命令形成独特的便于自身操作的图块外，由于常会遇到对以前版本的天正或者其他 CAD 软件所绘制图纸进行编辑和修改，考虑到兼容性，特别在右边的天正菜单最下部有一个"旧图编辑"选项。为了更好地和其他版本与软件配合，本任务主要介绍使用此选项点击得到新的菜单之后的操作过程。另外由于天正菜单内部存在命令组合，导致单击此菜单操作时候命令窗口的命令行自动出现的指令不可用敲入同样的单一指令来实现，这样的自动回应指令在本章中用小写字母表现，而可以直接键入操作的命令用大写字母予以区分。

9.2 计算机绘制建筑平面图

绘制建筑图是一项需要通过长期实践操作来进行提高的技能，现以图 9-5 为例，介绍使用天正建筑软件绘制建筑图纸的基本步骤。

单击天正图标，打开窗口，"T20 天正建筑"会遇到一个选择对话框，选择 Acad.dwt 模式，进入平面类的图纸绘制状态（其中的另一选项 Tch3 d.dwt 模式是进行三维建模工作的界面）。接下来应该做一些前期的绘图环境的配置，这在开始绘图之前是一项必要的工作。

（1）设置新图，并为新图赋名。

下拉菜单："文件"→"新建"。

这时候仍然会遇到选择平面还是三维的对话框，继续单击选择 Acad.dwt 模式，得到新的完全干净的图形空间。

在使用计算机软件绘制图纸的时候，为了操作方便，通常采用 1∶1 的比例进行绘制，而所有的出图比例就需要在设置新图时候完成了。单击天正菜单中"出图比例"按钮，在命令框中出现以下提示（凡楷体字内容均为命令窗口中人机交换的显示信息）：

指令：chscl

请输入出图比例< 1∶100>　1∶

在此处输入 200、300、500 等数字，可以控制整张图纸的出图比例，系统默认的出图比例为 1∶100，以括号内提示信息直接显示，如果回车就代表沿用默认值。此时如果仍然选用比例 1∶100，直接回车即可。

图9-5 房屋一层平面图

单击右侧天正菜单上部"初始设置"按钮，出现对话框，选择平面门窗式样及标注斜线式样，以及其他相关的设置，它们都将成为本图新的默认形式，全部完成以后单击"确定"按钮。

完成所有设置以后，从下拉菜单中选择"文件"→"保存"命令，在弹出的对话框的文件名位置输入图形文件名称，同时选择保存的文件夹位置，全部确定以后单击"保存"按钮，新图赋名完成。

(2)绘制轴网。绘制建筑平面图一般从建立轴网开始，以此作为墙体的定位。绘制轴网有两种常用的方式，一种是画线偏移法，另一种是对话框定义法。

1)首先介绍画线偏移法。

指令：layer↓

获得图层控制弹出式对话框，选择"新建"，获得一排新的高亮的图层条，修改新图层名称为DOTE，这也是使用对话框定义法系统自动生成的轴网的图层名称。点击DOTE层颜色方块，在新弹出的颜色选择框中选择最上排的红色，单击"确定"，将此层颜色定义为红色。继续本层的操作，在"线型"栏单击，再次获得新的弹出对话框，系统默认的线型在此只有实线和虚线两种，单击"载入"，再次弹出的新框中找到线型"dote"，单击成为高亮选项以后，单击"确定"，这时候在原有的线型选择对话框中出现了第3种单点长画线，选择成为高亮以后单击"确定"，可以看到DOTE层的线型已经被定义为单点长画线。选择本层高亮后单击对话框右上方的"当前层"，将其定义为当前层，然后再次单击"确定"回到绘图界面。

使用"LINE"命令绘制一条水平直线和一条铅垂直线，由于当前层已经定义为轴线层，所以直接得到了红色的单点长画线，线的长度以略长于横竖两个方向总长度为佳。

使用"OFFSET"命令，依照图9-5中开间和进深数据画出图9-6中轴网。

2)接下来介绍对话框定义法。

定义图层的整个过程与画线偏移法同，在确定当前层为红色单点长画线的DOTE层后，在右侧的天正菜单中，选择"轴网"→"直线轴网"命令，在弹出的对话框中按照需要的数据输入开间和进深数据，全部输入完成后单击"确定"，得到一个随鼠标移动的轴网，在图纸空间中单击鼠标将其放置完毕，经过修整后同样获得如图9-6所示的轴网。

(3)绘制墙体。

天正菜单："旧图编辑"→"双线墙"→"双线直墙"。

指令：dwall

请点取墙的起点(圆弧墙宜逆时针绘制)/F—取参照点/D—单段/<退出>：

这时用鼠标点取需要作为起点的轴线交点，会看到命令窗口出现新的提示：

墙厚当前值：左墙120，右墙240。

请点取直线的下一点/A—弧墙/W—墙厚/F—取参照点/U—回退/<结束>：

此时看到的墙厚当前值就是最初在初始设置中定义的左右墙厚，如果没有更改，则系统自动默认为左120右240。如果需要修改，操作如下：

请点取直线的下一点/A—弧墙/W—墙厚/F—取参照点/U—回退/<结束>：W↓

请输入左墙厚<120>：120↓

请输入右墙厚<240>：120↓

墙厚当前值：左墙120，右墙120。

这样就将墙厚定义为240，并且进入下一循环。移动鼠标，依次点取墙段轴线的端点位置的交点，可以看到图纸中自动生成了沿此段轴线的双线墙。如果操作失误，可直接在此循环中输入 U，回车回退上一个墙段生成的操作。同时图纸中自动生成灰色的墙层（WALL），通常使用 LAYER 命令将此层定义为 255 号颜色。

全部墙线绘制完毕以后，按鼠标右键或者在命令窗口直接回车，结束墙线绘制命令，获得图 9-7。

值得注意的是，为了减少作图工作量，在平面图左右对称的情况下，一般只画出其中的一半，然后使用镜像命令直接生成另外的部分。

(4) 柱子插入。

天正菜单："旧图编辑"→"柱子单墙"。

根据需要选择"方柱插入"或"圆柱插入"，单击后都会弹出相应的对话框，用于控制柱子形状，同时在对话框中也可自由选择方柱与圆柱的切换。

本例为演示需要设置方柱，插入时输入柱高、柱宽、基点定位数值，单击"确定"。

命令：fzh

请点取柱子的插入点(轴线交点)或窗口的第一点<退出>：

鼠标单击轴线交点可以插入单个柱子，如果使用窗口选取，则鼠标拉过的窗口范围内所有的轴线交点全部同时插入定义好的柱。

全部柱子插入完成后单击鼠标右键或直接回车退出，获得图 9-8。

(5) 绘制门窗。

天正菜单："旧图编辑"→"门窗"。

首先用鼠标点击上方的"门"或"窗"，或"高窗"，在此三项中进行切换，选择当前要插入的一项，然后进行后续操作。

以窗为例，如果在通过此墙段各轴线距离正中开窗，单击"中心插入"，看到命令窗口出现：

命令：wdinc

请点取要插入门窗的墙线<退出>：

按照提示使用鼠标左键在需要开窗的墙段单击，命令窗口出现：

门窗的宽度(可点取轴线的跨越点)/S—选择已有门窗/<1500>：

括号内为系统默认宽度 1 500，这时输入需要绘制的门窗宽度，回车确认，自动在墙线正中开启了需要的窗，命令窗口进行下一循环，可以进行连续的点取。同时图纸中自动生成了新的浅蓝色门窗层(WINDOW)和白色的门窗名称层(WINDOW_TEXT)。

除了中心插入之后还有一个经常使用的指令"垛宽插入"，例如，点击后在命令窗口看到：

命令：wdinb

请输入从基点到门窗侧边的距离<120>：

这里的基点到侧边的距离是指内侧到洞口之间墙段宽度，如图 9-9 所示Ⓑ轴线上的 M0921。输入之后回车。

再点取要插入门窗的墙线(偏向基点一侧)<退出>：

鼠标点取要开窗墙段的内侧墙线，注意此处与前面输入距离的对应。

门窗的宽度(可点取轴线的跨越点)/S—选择已有门窗/<900>：

定义门窗宽度后回车，进行下一个循环，全部完成后使用鼠标右键或直接回车退出(图 9-9)。

(6) 文本填写。图纸中的文本填写主要包括门窗标注和房间名称等文字填写两个部分。

图 9-6 绘制中轴图

图9-7 画内外墙体

图 9-8 柱子插入

图 9-9 开启门窗及其标注

1)门窗标注：

天正菜单："旧图编辑"→"门窗"→"门窗名称"。

指令：wdname

请选取要定义名称的平面门窗<用已有的门窗名称选取>：

选取所有的 C—1 后单击鼠标右键或回车：

新的门窗名称(可点取样板门窗)<改变可见性>：

输入 C0915，回车，可以看到所有被选取的窗全部标注为 C0915，同理完成其他门窗的标注。

由于在天正菜单中默认的门窗形式有限，所以如果需要改变门窗形式，可以使用 WBLOCK 指令自行制作门窗的图块在所需要的位置插入(INSERT)，同时将门窗标注的字样直接写进该门窗块中，在插入的时候自带标注。

2)文字填写：

天正菜单："旧图编辑"→"文字"

首先单击"字型参数"，在弹出的对话框中定义中文和数字的字型及字高比例等。完成后单击"文字标注"，在弹出的编辑文字的小横条中输入要标注的汉字，单击"确定"后命令窗口出现：

指令：wrinput

请给出汉字的插入点(左下角点)<退出>：

鼠标在图纸上点取汉字的左下角点后命令窗口提示：

字高(小于 15 为出图实际字高)<500>：

根据自己的出图比例确定字高，输入后回车。

转角<0>：

由于建筑图纸中汉字始终是正放，所以这里通常都直接回车，得到需要填写的汉字(图9-10)。

3)文本编辑。建筑图纸的绘制过程中经常需要对已经填写的文本进行修改，此时应该区分已有文字的属性。从属于块的文字，例如，在门窗标注中所生成的门窗名称就从属于门窗块，必须使用天正菜单中文字项里"DDATTE"按钮，然后选取即可进行修改；其他普通的文字不从属于块的就可以使用"DDEDIT"指令进行修改和编辑。如果文字位置发生偏差，可以使用 MOVE 命令将目标汉字移至所需位置。

(7)楼梯绘制。先按照画墙线的方法补出楼梯端部所缺墙段，如有需要还应开启门窗，然后开始楼梯梯段的平面绘制。

天正菜单："旧图编辑"→"楼梯阳台"→"两跑楼梯"。

在弹出的两跑楼梯参数对话框中填入梯段的各项参数，包括踏步宽、梯段宽、栏板宽、各跑步数、总长、总宽、转角，同时做好基点的各项设定。全部完成以后单击"确定"按钮，命令窗口出现：

指令：tstair

请给出两跑楼梯的插入点<退出>：

鼠标单击选取基点，插入楼梯。使用"单线剖断"指令作出剖切线，如有需要使用 TRIM 命令修剪，然后使用"箭头绘制"指令作出箭头，标注上下行汉字，完善图形，得到图 9-11。

(8)镜像对称。由于建筑图纸中常有对称形态，因此往往只画出其中的一半，要得到完整的图形必须通过镜像指令作出对称部分，获得完整的图形。

在镜像指令执行之前必须进行对文字的设定，将文本镜像设置为可读镜像。

图 9-10 文字填写

图 9-11 楼梯绘制

指令：MIRRTEXT↓

输入 MIRRTEXT 的新值<0>：↓

数值0为可读镜像。如果此处设定值为1，则在镜像操作以后会获得完全镜像的文字，无法辨认，遇到此种情况时可以使用天正菜单文字一项里的"镜像修复"按钮来进行修复。

指令：MIRROR↓

选择对象：W↓　（用W窗口方式选择已画出的半个图形）

指定第一个角点：

指定对角点：

选择对象：↓

指定镜像线的第一点：　（目标捕捉对称线的上端点）

指定镜像线的第二点：　（目标捕捉对称线的下端点）

是否删除源对象？[是(Y)/否(N)]<<N>：N↓

用 TRIM 和 ERASE 指令修整对称结合处轴线的图形，完成对称作图，获得图9-12。

(9) 散水绘制。

天正菜单："旧图编辑"→"室外总图"→"自动散水"。

指令：outlna

请在散水一侧的墙线(或搜到的边线)上点一下<退出>：

鼠标点击选取墙线后命令窗口提示：

搜墙线…OK。

散水宽度<900>：

输入宽度后回车，自动沿墙边生成散水。如果此过程出现问题，可以使用 OFFSET 指令将墙线向外偏移后再修剪(TRIM)，同样可以获得散水。完成后的图样如图9-13所示。

(10) 尺寸及标高标注。尺寸标注分为轴网标注和墙段标注两个主要部分，首先是直接利用天正菜单中的"轴网标注"功能标注轴线及相关的尺寸。

天正菜单："旧图编辑"→"轴网"→"轴网标注"。

指令：dimax

请点取要标注轴线一侧的横断轴线<退出>：　　　　　　（鼠标点取横断轴线）

起始轴的编号(1 AA1 AA)<1>：　　　　　　　　　　　　　（输入轴号回车）

请点取要标注轴线一侧的横断轴线<退出>：

可以看到系统自动生成了轴线圈，轴线编号，同时标注了轴间尺寸和轴线总尺寸，同时命令窗口进入下一个循环，点取另一方向的横断轴线完成轴网标注。如果需要对轴线编号进行修改编辑，可以使用菜单中的"单轴变号"与"多轴变号"指令。

天正菜单："旧图编辑"→"尺寸标注"→"沿直墙注"。

指令：dimlwf

请点一下要标注(直墙线)的起始点<退出>：　　　　　　　　　　　（鼠标点取）

结束点<退出>：　　　　　　　　　　　　　　　　　　　　　　　　（鼠标点取）

再点一下尺寸线的位置<退出>：　　　　　　　　　　　　　　　　　（鼠标点取）

请点取不需要标注的轴线<结束点取>：　　　　（鼠标点取，如无需要直接回车）

此指令功能十分强大，自动生成的连续标注会反映出被选择墙段上的所有洞口及其与轴线的关系，使用这一指令可以完成所需要的内、外直墙段的各种细部标注。

由于建筑平面图的总尺寸需要包括墙厚的外包尺寸，而"轴网标注"过程所生成的最外部尺寸为轴线总尺寸，因此在这里还有一步极为重要的步骤。首先将反映墙厚的尺寸块使用 COPY 指令复制至轴线总尺寸两边，然后选择"尺寸标注"→"尺寸工具"→"标注合并"命令，命令窗口提示如下：

指令：dmmge
请点取第一个要合并的尺寸标注<退出>： 　　　　　　　　　　　（鼠标点取墙厚尺寸）
再点取第二个要合并的尺寸标注<退出>： 　　　　　　　　　　　（鼠标点取轴线总尺寸）

分别点取以后可以看到两个尺寸自动合并，继续合并另一侧，使外部尺寸成为建筑物含外墙厚的总尺寸，修正尺寸标注的各项属性后进行标高标注。

天正菜单："旧图编辑"→"符号标注"→"标注标高"。

指令：eledim
上标注 1/右标注 2/无引线 3/不引出 4/请点取标高点<回车退出>： 　　　　　（鼠标点取）
此处的标高为<＊＊．＊＊＊＞：
　　　　　　　　　　　　　（＊代表由于鼠标点取位置变化的任意数值，输入标高数值回车）

在平面图中由于不可能严格按照系统坐标在点取时自动生成正确标高，因此通常都是直接利用键盘输入本层的标高来完成的。全部调整以后所得结果为图 9-14。

(11) 图框插入及布图调整。图纸绘制基本完成以后就必须插入图框了，由于在天正中的图形是按实际大小绘制的，因此，出图比例实际上是由不同大小的图框插入来实现的。而前面所进行的尺寸标注等也都是根据设定的出图比例自动调整了大小以满足出图后尺寸比例正常。

天正菜单："旧图编辑"→"布图出图"→"插入图框"。

在弹出式对话框中进行图框的选择，如果对各项参数不十分确定，可以通过单击"预演"按钮来查看图框形态以及与所绘制图形大小是否协调，确认后单击"插入"，将图框放置到合适的位置。如果需要的图标形式和天正默认的图标形式不同，建议在对话框中不选择使用默认的会签栏和图标，而是在放好图框以后使用 LINE 和 PLINE 指令手工绘制需要的图标。注意在手工绘制时先要在窗口上方的图层控制工具栏中下拉选择"PUB_TITLE"层为高亮，指定系统生成的图框原本的图层为当前层，然后再进行绘制。良好的图层控制习惯可以帮助操作者更方便地对图纸进行修改编辑。

接下来需要完成的工作是对整张图纸的完善修整，包括使用文字标注指令填写图标各项，注写图名，根据需要添加详图索引，如果是底层平面图则需要画出剖切符号和指北针等。由于在绘制过程中系统生成的墙线只是细实线而出图时墙线应该是粗线，所以要做一定的调节工作。达到目的的方法有两种，一种是在出图打印时将墙层（WALL）所在的 255 号颜色（如果没有调整过此项则天正 5.0 中默认墙层为 9 号色）设定线宽为粗线宽度，另一种是直接在图纸上进行操作如下：

天正菜单："旧图编辑"→"条件接口"→"墙线加粗"。

指令：latoplc
请选取要变粗的墙线（向两侧加粗）<全选>：
选择对象： 　　　　　　　　　　　　　　　　　（鼠标选取或直接回车改变所有墙线）

菜单中"墙线加粗"指令是以墙线所在位置为准向两侧加粗，而"向内加粗"指令是保证粗线最外侧为原有墙线位置，操作者可以根据自己的需要选择使用。

所有调整完成检查无误以后即完成整张底层平面图的绘制（图 9-15）。

图 9-12 镜像命令完成对称作图

图 9-13 散水绘制

图 9-14 尺寸及标高标注

图 9-15 最终成图

9.3 计算机绘制建筑立面图

天正菜单本身提供了一些立面操作的快捷方式，但由于在绘制平面的时候多已根据设计需要进行过修剪添加等工作，导致平面图本身并非纯粹的天正能辨识的图形，所以在实际绘制过程中多以直接的 AutoCAD 指令进行操作。现以上节所绘建筑物的①~⑲立面图（图 9-16）为例，介绍使用天正建筑软件绘制建筑立面图的基本步骤。

(1)立面图的初始化工作。和平面图一样，立面图也需要进行初始化设置，建立新图，设定相应的出图比例。同时，为了方便图层管理，一般会根据立面图的外形特征，使用 LAYER 指令建立图层及其属性关系见表 9-2。

(2)制作门窗图块。门窗的形式常常是建筑设计的亮点，几乎每个建筑的立面图中门窗形式都不完全相同，使用天正软件图库中的门窗立面图块固然是一个办法，但如果需要表达个性化的门窗设计，还是应该使用"WBLOCK"指令制作独立的门窗图块。

在指令行输入指令"WBLOCK"后，弹出对话框，选择已画好需要制作成块的图形，在文件名一栏为该图块赋名，选择好存放路径以后单击"确定"，制作成功的图块将在屏幕左上方出现小屏幕预演后迅速消失，存放在指定的目录里。

表 9-2 立面图的图层及其属性关系

构件名	图层名	颜色	线型
外墙轮廓	WALL	255	CONTINUOUS
门窗轮廓、立面装饰	D&W	YELLOW	CONTINUOUS
分格、引条线	DETAIL	WHITE	CONTINUOUS
楼梯	STAIR	YELLOW	CONTINUOUS
尺寸	PUB_DIM	GREEN	CONTINUOUS
文本	PUB_TEXT	WHITE	CONTINUOUS
轴线	AXIS	RED	CENTER2
填充	HATCH	BLUE	CONTINUOUS

(3)画立面外形轮廓线（图 9-17）。设置轴线图层"AXIS"为当前层，用"LINE"命令画出定位轴线和立面图的左右对称线（镜像操作之后对称线将擦除）。

设置外墙轮廓层"WALL"为当前层，根据立面方案图和已完成的平面图，用 PLINE 命令画特粗的地坪线，用"LINE"命令画出对称立面图的左半个外形轮廓线。

设置细部图线层"DETAIL"为当前层，用"LINE""OFFSET"命令画出引条线、窗块插入的基准线等(全部基准线用后将擦除)。

(4)插入窗块、画楼梯等建筑细部（图 9-18）。设置楼梯层"STAIR"为当前层，使用"LINE"和"ARRAY"等命令完成楼梯绘制。

图 9-16 ①~⑲立面图

图 9-17 画立面外形轮廓线、引条线、窗块插入的基准线

图9-18 插入窗块、画建筑细部

设置门窗层"D&W"为当前层,根据先前作出的窗插入基准线,用"INSERT"命令依次插入已定义的窗块。然后用"ERASE"命令擦除所有的基准线。接下来使用"LINE"等指令绘制出立面各种细部线脚装饰和其他所缺部分,必要时候采用"TRIM""OFFSET"等指令编辑和修改图形。

(5)作对称图形(图 9-19)。使用 MIRROR 指令作出镜像对称图形,使用"ERASE"指令擦除对称轴线。

(6)标注尺寸、标高、定位轴线、填写文字(图 9-20)。此部分与平面图操作类似,使用天正菜单提供的按钮或者"AutoCAD"的指令都可以依次完成。

(7)填充图形、加粗线型、删除楼层辅助线、完善图纸。本例中屋顶图案需要使用"HATCH"命令填充完成。由于图案的填充会自动亮出填充范围内的文字和尺寸等内容以使图面清晰,因此,填充工作常常放在文字标高等注写完毕之后再进行。同时,为了使填充的图线在出图的时候方便使用更细的线型以体现层次,通常把图形填充单独设置一层,选用和其他各层不同的颜色。

输入"HATCH"指令后会出现对话框,在此对话框中选择填充的式样、范围、比例等。填充范围有两种选取方式:一种是选择所需要填充部分的所有轮廓线,另一种是点取,在点取的时候只需要将鼠标左键在填充的范围内单击,系统会自动选择此点最靠内的一圈围合线作为填充范围,如果线条没有闭合则会报错。

填充完成,检查全图,确认无误以后即完成整张立面图的绘制(图 9-16)。

图 9-19 作镜像对称图形

图 9-20 标注尺寸、标高、定位轴线、填写文字

9.4 计算机绘制建筑剖面图

建筑剖面图的作图过程与立面图类似,均以 LINE(直线)、OFFSET(偏移)、TRIM(修剪)、HATCH(填充)等命令为主进行绘图与编辑。

现以上述建筑物的墙身局部剖面图(详图)(图 9-21)为例,简要地说明建筑剖面图的计算机绘图过程如下:

图 9-21 墙身局部剖面图(详图)

(1)仿照平面图、立面图进行初始化处理,命名、存盘,并根据图 9-21 的特征建立图层及其属性关系见表 9-3。

表 9-3 墙身局部剖面图的图层及其属性关系

构件名	图层名	颜色	线型
墙身及其他剖线(粗线)	THICK	255	CONTINUOUS

续表

构件名	图层名	颜色	线型
可视细线	THIN	YELLOW	CONTINUOUS
材料填充	HATCH	GREEN	CONTINUOUS

(2) 设置粗线层"THICK"为当前层，用多义线"PLINE"命令按照剖切到的线条位置作出各构件断面图的组合，也可以用"LINE"命令画线，然后用多义线"PEDIT"命令编辑成分别的连续折线，结果如图9-22所示。

(3) 用"OFFSET"偏移命令取适当间距偏移复制出墙身粉刷的厚度线，并用"CHANGE"指令将其改到细线层上，过程如下：

指令：CHANGE

选择对象：（选择刚画出的粉刷厚度线）

指定修改点或[特性(P)]：P

输入要修改的特性[颜色(C)/标高(E)/图层(LA)/线型(LT)/线型比例(S)/线宽(LW)/厚度(T)]：LA

输入新图层名(0)：THIN

将当前层设置成细线层"THIN"，使用"LINE"等基本作图指令完成其余可视细线，并完成剖断线作图（图9-23）。

(4) 使用"HATCH"指令填充材料符号，不同的材料符号选择相应的不同图例来予以填充。这里需要注意的是，并非所有图例都可以用完全相同的比例进行填充，在每次选择填充的时候都应先调整其比例并进行预演观察效果，在确认比例合适之后再单击确定（图9-24）。另外，虽然本例没有出现钢筋混凝土的填充，但由于有部分低版本软件系统提供图库中没有完整的钢筋混凝土图例，在此特别说明在遇到此种情况时可以先后选择斜向线条图例和普通混凝土图例进行两次填充组合获得。

使用"MIRROR"指令作出镜像对称图形，使用ERASE指令擦除对称轴线。

(5) 标注尺寸、标高、定位轴线、画出详图符号、填写文字，完成全图（图9-21）。

计算机绘制建筑施工图的过程与手工绘图的过程大致相同，也是先平面再立面、剖面，最后详图，先主要轮廓线后次要轮廓线，先绘制图线再标注说明等。其优势在于可以最大限度地避免重复操作，即使反复修改也只需要在原有图形上进行编辑。为了绘图更加方便快捷，一般常将平面图、立面图、剖面图及相关详图按比例的相同选择放置进相同的文件，方便对比；而一些相同的图形和文字，完全可以从一个图形复制到另一个图形上，从而提高作图效率。

此外，熟练地掌握绘图、修改、捕捉(SNAP)等基本操作是计算机绘图达到应用水平的基本保证，使用时候相应功能图标的点击也可以提高作图效率，键盘输入与图标点击的操作配合可以帮助使用者更快捷地完成绘图工作。

本书插图基本均用计算机绘制完成，读者在学习计算机绘图过程中可翻阅、借鉴、参考这些图例。

图 9-22 画剖面图中剖切所得粗线　　图 9-23 完成可视细线作图　　图 9-24 填充材料符号

复习思考题

1. "T20 天正建筑"软件可以绘制哪些施工图？
2. 常用的绘图命令有哪些？
3. 常用的编辑修改命令有哪些？
4. 如何定义文字样式及标注文字？
5. 如何定义尺寸样式及标注尺寸？
6. 如何建立图层，图层有哪些特性？
7. 如何定义图层的颜色、线型及线宽？
8. 绘图比例与出图比例有何区别？

任务 10　施工图实例

学习要点

通过对实例的学习，将理论知识与实际案例相结合，达到能够读懂建筑施工图的水平。本任务所选用的施工图均为实际工程图纸中所包含的图样，因此，必须掌握其内容。

在本任务的学习过程中，要注意结合图纸，展开逆向思维和换位思考，弄懂设计者的意图和思维方式。在"知其然"的基础上，力争做到"知其所以然"。

10.1　项目名称：南充市高坪区政府办公楼

附图1是本项目的建筑设计总说明，是位于建筑施工图首页图上的重要内容，是工程的概貌和总设计要求的说明。其内容包括：工程概况、工程设计依据、工程设计标准、主要的施工要求和技术经济指标、建筑用料说明等。

以下是南充市高坪区政府办公楼的建筑设计总说明的内容。

工程概况

层数：9层

建筑面积：14 376 m^2

建筑总高：39.3 m

建筑等级：二级

使用年限：50年

该项目的项目概况介绍了项目的名称为南充市高坪区政府办公楼，建设地点在四川省南充市高坪区茅草坪村二社，建设功能为办公楼，建筑高度为39.30 m，使用年限为50年，屋面防水等级为二级。还包含了图纸目录、门窗统计表的内容。

附图2是本项目的总平面图，在图中可以看出建筑场地呈单面南北向坡，地形高差近10 m。基地西边为松林大道，南向为行政中心广场，广场以南为东方大道，东向为明宇大道。

根据建筑基地的形状，和已形成的松林大道和明宇大道及东方大道，将建筑放在三角地形的底边端，使建筑背靠坡地，面临广场，居高临下，增加了建筑的气势，而将建筑朝向置于南北向，坐北朝南，中轴线，面对远处小山的缺口，暗喻了政府建筑的庄严、稳定。由于基地高差近10 m，为了充分利用地形，将建筑放在半坡上，这样既增加了建筑的气势，又减少了建筑的挖填方量，从而也相应地降低了建筑的造价。而且还保留了部分山体以体现山水园林城市的地貌（附图2、附图12、附图13、附图14、附图15）。

从平面设计来看，由于该建筑是政府办公楼，因此，将平面和立面都设为对称形式，以保证政府建筑的庄严、稳重感，底层平面通过前面的大台阶和两边的车行道将人流引入室内门厅，14 400 mm 的面宽和 9 000 mm 的进深形成近 130 m^2 的宽敞门厅，门厅的后方正对入口处设一 9 000 mm×4 500 mm 的照壁，上写毛泽东题写的"为人民服务"几个大字，显示了政府是为人民群众服务的性质，体现了政府建筑的主题。贯穿二楼的门厅共享空间，使人不会感到门厅的压抑，而增加人和建筑的亲切感。水平交通采用内走道将各个办公室连在一起，垂直交通则通过中部的两部电梯和一部楼梯以及两端的两个楼梯间连接各层，从而满足消防、疏散要求(附图4、附图5)。为了满足政府办公的功能需求，各层都设有大小面积不等的办公室和会议室，以供不同的职能部门选用。二层平面，利用建筑后面的坡地设有一大会议室与主体建筑在结构上脱开，既降低了造价，又方便了建筑的功能分配(附图5)。三楼以上，在建筑的两端设有套间式区长办公室，以满足政府区长办公的需要(附图6、附图7、附图8)。

立面设计：采用现代建筑的构图手段，充分利用线条将对称的建筑型体体现出庄严稳重，又不失简洁、大方的形象。现代感很强的白铝、青玻以及墙顶檐口的香槟色铝塑板，与底层坚实的西亚红花岗岩装饰材料互相协调、辉映。正立面正中实墙面上的国徽标志与门厅前的雨篷、牌坊相得益彰，更加突出了政府建筑的庄严感(附图12、附图13)。

剖面设计中，地形的利用得到充分的展示。首先是利用底层大台阶下的空间将设备用房和车库置于半地下室的负一层，使下部空间得到充分应用。二楼后面的会议室前部的下方，作为建筑的次要出入口与绕建筑的环道相连，使交通流线变得通达，又满足了消防扑救的要求(附图15)。会议室屋顶作为绿化与后山连为整体，使建筑融于自然环境中，又为三楼以上的工作人员提供了工间休息平台，体现了建筑以人为本的设计理念。

10.2 项目名称：习水县煤炭矿山安全生产救援培训综合用房

附图16为新建综合用房建筑施工图设计说明、门窗统计表和图纸目录。施工图设计说明主要说明了设计依据；工程概况；以及组成建筑的主要分部(如墙身、楼地面、屋面、门窗等分部)的施工做法和注意事项。从图中可以读出以下信息：

工程概况

层数：6层

建筑面积：3 132 m^2

建筑总高：29.25 m

建筑等级：二级

使用年限：50 年

附图17为该工程的总平面图，从图中可以看出：本项目位于贵州省习水县县城，整个基地平面很规则，北边是规划的城市次干道，西边是规划的城市主干道，东边和南边是其他单位建筑用地。新建的习水县煤炭矿山安全生产救援培训综合用房位于整个基地的中部，其建筑的定位由于没有具体的测量坐标资料，故采用间距定位。南边Ⓕ轴线距建筑红线

12.00 m；西边⑧轴线距建筑红线 4.00 m；东边①轴线距建筑红线 1.00 m(由于比例太小，故没有标出)；其朝向可根据指北针判断为坐南朝北，新建综合用房共 6 层，总长 39.00 m，总宽 21.00 m，其北边是入口广场，南边是室外停车场及绿化用地。新建综合用房的室内整平标高为路沿标高加 0.45 m，室外整平标高为路沿标高。

  附图 18 为新建综合用房的底层平面图。附图 19～附图 23 为二层～六层平面图。从底层平面图(附图 18)中可以看出该综合用房平面为矩形，局部房间为异形房间；其总长为 39 000 mm，总宽为 21 000 mm。综合用房的入口设在建筑的北端通过⑧轴线的斜墙上。通过入口处外上三级圆弧形台阶进入门厅。门厅的左边为主要楼梯间和电梯间；穿过楼梯与电梯之间的走道进入多媒体教室；门厅的右边有一值班室和会议室，走道的尽端为卫生间和多功能大厅以及疏散楼梯间；该综合用房的底层室内地坪标高为±0.000，室外地坪标高为－0.450，即室内外高差为 450。剖面图的剖切位置在②～③轴线之间。从二层平面图(附图 19)中可以看出门厅上空为一共享空间，从二楼的圆弧形回廊可以看到一层门厅内的情况。①～③轴线之间布置有两间带有卫生间和休息室的教员办公室，还有一间培训教室。⑤～⑧轴线之间布置有一会议室和一间培训教室以及一间小办公室；楼梯间、卫生间的大小、位置与底层平面图一致。门厅上空的室外以及⑦轴线右边的室外各设有造型不同的雨篷，为底层入口处遮挡雨水，丰富了立面造型。三层平面图(附图 20)除在③～⑤轴线之间设为培训教室和办公室外，其他的平面布置与二层平面图一致。四层平面图(附图 21)在⑥～⑦轴线位置是三层平面图中培训教室的屋顶，并通过⑥～⑦轴线间北向的斜墙上的门洞和室内相连接，其他的平面布置与三层平面图一致。五层平面图(附图 22)除在①～②轴线之间的培训教室由四边形在①轴线处改为矩形外，其他的平面布置与四层平面图一致。六层平面图(附图 23)的平面布置与五层平面图一致。屋顶平面图(附图 24)只在②～③轴线之间有出屋顶的楼梯间和电梯机房，其余都为屋面。从以上各层平面图中还可以看出各种墙、柱、门、窗的位置、大小和数量。

  附图 25 为屋顶的屋顶构架平面图和卫生间详图。附图 26 和附图 27 为新建综合用房的立面图。从图中可看出，该综合用房共 6 层，建筑总高 28.800 m。整个立面明快、大方，斜墙上的玻璃幕墙和屋面上的装饰架以及立面上的装饰线条和雨篷使整个建筑立面充满现代建筑的气息。立面装修中，主要墙体用银白色面砖以及白色铝塑百页使整个建筑色彩协调、明快，更加生动。整个建筑一层层高为 4 200 mm，二层以上层高均为 3 600 mm，室内外高差为 450 mm。通过三级台阶进入室内。

  附图 28 为新建综合用房的剖面图。从图中也可看出此建筑物共 6 层，整个建筑一层层高为 4 200 mm，二层以上层高均为 3 600 mm，楼梯间出屋面部分的层高也为 3 600 mm。室内外高差为 450 mm。建筑总高至墙顶为 28 800 mm，从左边的外部尺寸还可以看出，各层窗台至楼地面高度为 1 000 mm，窗洞口高 2 100 mm。附图 28 中还表达了从底楼上到屋顶的楼梯及屋顶的形式。由于本剖面图比例为 1∶100，故构件断面除钢筋混凝土梁、板涂黑表示外，墙及其他构件不再加画材料图例。

  附图 29 和附图 30 为新建综合用房的楼梯平面详图。两个楼梯间的底层平面图中都只有一个被剖到的梯段。二层平面图中的踏面，上下两梯段都画成完整的。上行梯段中间画有一与踢面线成 30°的折断线。折断线两侧的上下指引线箭头是相对的，在箭尾处分别写有"上 24 级"和"下 28 级"，是指从二层上到三层的踏步级数为 24 级，而从二层下到一层的踏步级数为 28 级。说明一层与二层的层高是不一样的。标准层平面图中的踏面，上、下两梯段等的表达方式也和二层平面图相似,只不过是梯段的级数不同。在箭尾处分别写有"上 24 级"和"下 24 级",是指从三层上到以上各层直到屋顶层的踏步级数与从三层下到二层的踏步级数均为 24 级。说明二层以上各层的层高是一致的。

顶层平面图的踏面是完整的。因只有下行,故梯段上没有折断线。楼面临空的一侧装有水平栏杆。

参 考 文 献

［1］中华人民共和国住房和城乡建设部．GB/T 50001—2010 房屋建筑制图统一标准［S］．北京：中国计划出版社，2011．

［2］中华人民共和国住房和城乡建设部．GB/T 50103—2010 总图制图标准［S］．北京：中国计划出版社，2011．

［3］中华人民共和国住房和城乡建设部．GB/T 50104—2010 建筑制图标准［S］．北京：中国计划出版社，2011．

［4］中华人民共和国住房和城乡建设部．GB/T 50105—2010 建筑结构制图标准［S］．北京：中国建筑工业出版社，2011．

［5］中华人民共和国住房和城乡建设部．GB/T 50106—2010 建筑给水排水制图标准［S］．北京：中国建筑工业出版社，2011．

［6］何培斌，甘民，姜佩言．建筑设计制图基础与实例［M］.2 版．北京：化学工业出版社，2010．

［7］李国生，黄水生．土建工程制图［M］．广州：华南理工大学出版社，2005．

［8］何培斌．民用建筑设计与构造［M］．北京：北京理工大学出版社，2010．

建筑制图与识图实训任务书
（第2版）

主　编　何培斌

副主编　何清清　栗新然

参　编　张永荐　刘　璐　姜佩言

　　　　高新毅　刘　案

北京理工大学出版社
BEIJING INSTITUTE OF TECHNOLOGY PRESS

目 录

任务1 绘图基础 …………………………………………………………………………………… 1

任务2 投影的基本知识 …………………………………………………………………………… 5

任务3 工程立体的投影 …………………………………………………………………………… 12

任务4 轴测投影 …………………………………………………………………………………… 17

任务5 剖面图和断面图 …………………………………………………………………………… 19

任务6 建筑施工图的阅读与绘制 ………………………………………………………………… 21

任务7 结构施工图的阅读与绘制 ………………………………………………………………… 28

任务8 建筑给水排水施工图的阅读与绘制 ……………………………………………………… 32

附：《建筑制图与识图（第2版）》施工图实例 ………………………………………………… 35

1-1 填空题

（1）长仿宋体字宽约为字高的_____，字高系列为_____mm。

（2）写长仿宋体字时，一般遵循的原则是_____。

（3）若粗线宽度为 **b**，则中粗线宽度为_____，细线宽度为_____；粗线宽度 **b** 应按图形大小和复杂程度在_____mm之间选择。

（4）笔画粗度为字高的_____。

（5）单点长画线中，线段长_____mm，点长_____mm，线段与点的间隔为_____mm。

（6）虚线与虚线、点画线与点画线相交时，应使它们在_____处相交。

（7）比较大小：1:2_____1:4。

（8）A0幅面尺寸为841 mm×1 189 mm，A1幅面尺寸为_____，A2幅面尺寸为_____，A3幅面尺寸为_____。

（9）尺寸标注包括_____、_____、_____、_____四要素。

（10）尺寸数字的方向：在水平尺寸线中，应标注在尺寸线的_____边，朝向_____方；在竖直尺寸线中，应标注在尺寸线的_____边，朝向_____方。

（11）尺寸标注一般应布置在图样轮廓线的_____边，与图线、文字及符号等不得_____。

（12）尺寸标注排列时，小尺寸应离轮廓线较_____，大尺寸应离轮廓线较_____。

（13）标注尺寸时，平行排列的尺寸线的间距宜为_____mm，并保持一致。

（14）尺寸起止符号，一般用斜短线绘制，其倾斜方向应与尺寸界线成顺时针____角，长度宜为____mm。

（15）尺寸数字高度一般为_____mm。

（16）标注角度尺寸数字时，应按_____方向书写。

（17）半径、直径、角度与弧长的尺寸起止符号，宜用_____表示。

（18）标注直径尺寸数字时，其前边应标注符号____；标注半径尺寸数字时，其前边应标注符号____。

（19）图样轮廓线外的尺寸线，距图样最外轮廓线之间的距离，不宜小于_____mm。

（20）对称线的线型为_____线，宽度为_____。

（21）手工绘图大的步骤分为_____、_____、_____、_____、_____。

（22）铅笔的铅芯软、硬分别用字母_____和_____表示。

（23）加深图线时，其顺序一般为_____、_____；直线加深时，一般先画_____方向，后画_____方向；当既有直线又有曲线时，通常应先画_____线，再画_____线。

1-2 选择题

（1）虚线的线段长为_____mm。

　A. 2~5　　　　　　　B. 3~6　　　　　　　C. 4~7

（2）尺寸标注中，起止符号用_____表示。

　A. 细实线　　　　　　B. 中粗实线　　　　　C. 粗实线

（3）比较两个比例的大小时，是以_____为依据。

　A. 前面一个数的大小　　B. 后面一个数的大小　　C. 它们比值的大小

（4）工程建设制图的线型一般有_____种。

　A. 6　　　　　　　　B. 10　　　　　　　　C. 14

（5）折断线的线宽为_____。

　A. 细线　　　　　　　B. 中粗线　　　　　　C. 粗线

1-3 徒手作图

（1）徒手绘制下列直线组。

（2）徒手绘制下面的圆和椭圆。

| 任务1　绘图基础 | 专业　级　班 | 姓名 | 学号 | 审核 | 成绩 | 1 |

1-4 综合作图

《基本训练》作业指示

（1）目的：

①熟悉绘图工具和仪器的正确使用方法。

②掌握各种线型的正确画法、粗细对比和正确的图线交接。

③初步了解尺寸标注的方法。

（2）要求：

①用A2图幅抄绘所给图样。

②图标采用本习题推荐的作业图标。

③绘图比例：线型用1：1，房屋立面图用1：20。

④房屋立面图要求标注房屋外部尺寸及注写图名和比例。

（3）作图步骤：

用H或2H铅笔画底稿线。底稿线应采用轻、细、淡的细实线，绘图者能看清即可。

①绘制图幅、图框、图标的底稿线。

②布图，即确定各图形的位置，见参考布图一。

③从上到下，从左到右逐一绘制各图底稿线。

④检查无误后，再按图中线型要求加深图线。

用2B铅笔画粗线；用B铅笔画中粗线；用HB铅笔画细线。次序是先水平线后垂直线，再倾斜线。

⑤画尺寸线、尺寸界线、尺寸起止符号及书写尺寸数字。

⑥加深图框及图标。

⑦书写图中汉字和填写图标。

参考布图一

2-1 画出下列各形体的三面投影图。

| 任务2 投影的基本知识（投影法一） | 专业 级 班 姓名 | 学号 | 审核 | 成绩 | 5 |

3-19 由组合体的轴测图画出其投影图。

画组合体投影图作业指示

（1）目的：

掌握组合体投影图的选择、画图方法及尺寸标注。

（2）内容：

① 由组合体的轴测图作其H面、V面、W面投影图并标注尺寸。

② 由本页所列的（1）～（4）题中选作两题。

③ 图名：组合体投影图。

（3）要求：

① 用A3图幅2张，图纸横放。

② 比例：根据题目情况自选比例，合理布置图面。

③ 线型：同类图线规格一致（粗细、短线长度及间隔等），粗、中、细线线型分明，图线标准粗度b为0.8～1 mm。

④ 字体：图名字高10 mm，姓名、专业名等说明文字高5 mm，尺寸数字高3 mm。书写前要轻画字格控制汉字字高，轻画导线控制数字、字母的字高。

⑤ 图纸总要求：投影正确，布图匀称、图画整洁，线型清晰分明，尺寸标注正确，字体工整。

（1）

（2）

（3）

（4）

任务3　工程立体的投影（组合体一）

6-2 底层平面图的识读。

阅读某职工宿舍楼一层平面图。宿舍入口门厅的地面标高为0.700，车库内地面标高为±0.000，台阶顶面的标高为0.600，每级踏步高为150 mm。回答下列问题：

（1）请在图中补全定位轴线编号。

（2）请补全室内、外地坪标高和楼梯间内及台阶顶面地坪的标高。

一层平面图 1:100

6-3 建筑平面图的识读与绘制。

（1）阅读下页某职工住宅楼二层平面图。客厅及卧室内地面标高为2.200，阳台地面比其低60 mm，卫生间地面比其低70 mm。回答下列问题：

① 请在图中补全定位轴线编号。

② 请在右边单元中的左边一户中补全卫生间、外阳台地坪标高。

③ 补全图中所缺尺寸。

④ 卧室的开间尺寸为_____mm，进深尺寸为_____mm，净面积为_____m²；卫生间的开间尺寸为_____mm，进深尺寸为_____mm；两个楼梯间的开间尺寸均为_____mm，进深尺寸为_____mm。

⑤ 该职工住宅楼的外墙墙厚为_____mm；入户门门宽为_____mm，高为_____mm；阳台门门宽为_____mm，高为_____mm；卫生间门门宽为_____mm，高为_____mm；卫生间窗窗宽为_____mm；高为_____mm。

（2）建筑平面图的绘制。

① 目的：

熟悉建筑平面图的内容和一般表达方法。

通过作业掌握绘制建筑平面图的步骤和方法。

② 内容：

抄绘下页图所示某职工住宅楼二层平面图（可只抄绘左边一个单元）。

③ 要求：

图纸：A2图幅，图标格式按各校规定绘制。

比例：1：100。图中未标注细部尺寸按比例量取。

图名：二层平面图。

图线：线宽组粗、中、细线分别取0.8 mm、0.4 mm、0.2 mm。

字体：长仿宋体。

作图准确、线型分明、尺寸标注无误、字体端正、图面整洁。

6-4 建筑立面图的识读与绘制

（1）结合本实训任务书6-3中的二层平面图，阅读下页某职工住宅楼①~㉑立面图，完成以下填空：

①该立面图的线宽要求是：绘制室外地坪线用_____线，绘制立面图外轮廓线用_____线，绘制窗洞口线等用_____线，绘制尺寸线等用_____线。

②该职工住宅楼共_____层楼，各层层高为_____m，建筑总高度为_____m。六楼卫生间窗台（结合本实训任务书6-3中二层平面图卫生间位置读图）标高为_____m，窗顶标高为_____m。

③从该立面图可以看到，屋顶为_____屋顶形式，外墙面贴面材料为_____，凸窗旁的百叶窗材料为_____。

（2）建筑立面图的绘制。

①目的：

熟悉建筑立面图的内容和一般表达方法。

通过作业掌握绘制建筑立面图的步骤和方法。

②内容：

抄绘下页图所示某职工住宅楼①~㉑立面图。

③要求：

图纸：A2图幅。

比例：1∶100。图中未标注的相关细部尺寸请查阅前述平面图，其余按比例量取。

图名：①~㉑立面图。

图线：线宽组粗、中、细线分别取0.8 mm、0.4 mm、0.2 mm。室外地坪线线宽取1.5 mm。

字体：长仿宋体。

作图准确、线型分明、尺寸标注无误、字体端正、图面整洁。

7-1 填空题

（1）建筑结构是指＿＿＿＿＿＿＿＿＿＿＿＿＿＿＿＿＿＿＿＿＿＿＿＿＿＿＿＿＿＿＿的空间受力体系。＿＿＿＿＿＿＿＿＿＿＿＿＿＿＿＿＿＿称为"结构构件"。

（2）结构施工图是表达建筑物的＿＿＿＿＿＿＿＿＿＿施工图，简称＿＿＿＿＿＿＿＿＿＿＿。它是建筑工程＿＿＿＿＿＿＿＿＿＿＿＿＿＿＿＿＿＿＿＿＿＿＿＿＿＿＿的重要依据。

（3）写出下列常用构件代号：

板＿＿＿＿，空心板＿＿＿＿，楼梯板＿＿＿＿，梁＿＿＿＿，框架板＿＿＿＿，屋面框架板＿＿＿＿，过梁＿＿＿＿，圈梁＿＿＿＿，基础梁＿＿＿＿，楼梯梁＿＿＿＿，基础＿＿＿＿，柱＿＿＿＿，构造柱＿＿＿＿，框架柱＿＿＿＿。

（4）钢筋混凝土构件是由＿＿＿＿和＿＿＿＿两种材料组成的。

（5）构件中的钢筋按其所起的作用可分为＿＿＿＿、＿＿＿＿、＿＿＿＿、＿＿＿＿和＿＿＿＿。

（6）写出以下钢筋符号：HPB300＿＿＿＿、HRB400＿＿＿＿、HRB500＿＿＿＿。

（7）阅读右图：

①号钢筋是梁的＿＿＿＿钢筋，规格为＿＿＿＿级，直径为＿＿＿＿mm；

②号钢筋是梁的＿＿＿＿钢筋，共＿＿＿＿根；

③号钢筋是梁的＿＿＿＿钢筋，共＿＿＿＿根；

④号钢筋是＿＿＿＿筋，规格为＿＿＿＿级，直径为＿＿＿＿mm，间距为＿＿＿＿mm；

⑤号钢筋是＿＿＿＿筋，沿梁＿＿＿＿向布置。

1—1 1:20

梁立面图 1:40

任务7 结构施工图的阅读与绘制（一）

7-2 读图题

(1) 阅读右图,图中现浇板底层钢筋编号为_____,板顶层钢筋编号为_____。

⑥号钢筋直径为_____,分部间距为_____,沿①轴纵向分布,铺于轴_____~_____;沿③轴纵向分布,铺于轴_____~_____。

⑤号钢筋每侧伸出墙边_____mm,③号钢筋在Ⓐ轴线到Ⓒ轴线间_____布置。

(2) 阅读右图,图中钢筋混凝土柱的中心偏离轴线的距离为_____,该柱从标高±0.000起到标高_____为止,截面尺寸为_____。

二、三、四楼层梁上表面结构标高分别为_____、_____、_____,屋面梁结构标高为_____。

①号钢筋是_____根直径为_____的_____级纵向钢筋,②号钢筋是_____筋,沿柱的纵向布置,在非加密区的间距为_____,加密区间距为_____。

任务7 结构施工图的阅读与绘制(二)

（3）阅读基础平面图和基础详图，回答下列问题：
① 图中有_____种不同尺寸的独立基础，编号分别为_____。
② 图中有_____种不同尺寸的条形基础。
③ 哪几条轴线上的墙是抗震墙，写出其轴线编号：_____。
④ 柱下独立基础的混凝土强度等级为_____，钢筋保护层厚度是_____。
⑤ 编号为ZJ3的独立基础有_____个，基底尺寸为_____，基础高_____；基础底面配筋：④号钢筋是_____，⑤号钢筋是_____。
⑥ 抗震墙下条形基础所用材料是_____，抗震墙基础中心线与其上的抗震墙中心线_____，抗震墙厚_____，地圈梁纵向钢筋是_____，箍筋是_____。

基础说明：

1. 根据本工程的地勘报告进行基础设计，基础形式为柱下独立基础和墙下条形基础，基础置于稳定的基岩上，地基承载力特征值为300 kPa，嵌岩深度不少于500 mm。

2. 本工程地基基础设计等级为丙级，场地类别为二类。

3. 混凝土强度等级：基础垫层为C10，柱下独立基础、基础梁和地圈梁为C20。

4. 钢筋保护层厚度：柱为30 mm，其余为40 mm。

5. 基础挖至设计标高后，应取样试压，达到设计要求后，由相关单位验槽后，才能进行基础施工。

6. 在施工过程中，如遇不良地质情况或者施工图说明不清时，应及时会同设计单位共同协商解决。

7. 条形基础下均设80厚C10细石混凝土垫层。

8. 地面以下砌体材料强度等级为：煤矸石砖MU15，条石MU30，水泥砂浆M50。

9. 除图中注明外，柱中心与独立柱基中心重合。

10. 除上述说明外，还应遵照有关施工验收规范和规程以及总说明进行施工。

任务7　结构施工图的阅读与绘制（四）

厨、厕给水排水平面详图 1:50 附图一

标准层给水安装图 附图二

标准层热水安装图 附图三

标准层排水安装图 附图四

8-1 读图填空练习

附图一、二、三、四为某职工住宅厨房卫生间给水排水平面详图和系统图，H表示楼面标高，阅读附图后填写下面空格：

（1）厨房和卫生间共有_____根给水立管，_____根排污立管，排污立管直径为_____mm。

（2）WL-3排污横管直径为_____mm，洗衣机地漏接入排污横管的支管直径为_____mm。

（3）排污横管的安装高度为_____m，排污横管的安装坡度为_____。

（4）排污立管的立管检查口安装高度为楼面标高上方_____m。

8-2 读图填空练习

左图为某职工住宅给水系统原理图，阅读左图后填写下面空格：

（1）本住宅引入总管（接小区干管）管径为_____mm，本住宅入户支管管径为_____mm。

（2）左图一共有_____块水表，其中DN80_____块，DN25_____块。

（3）住宅入户总管的安装高度为_____。

8-3 读图填空练习

上图为某展览建筑给水排水总平面图，阅读上图后填写下面空格：

（1）室外给水环网管径为_____mm。

（2）共有_____个室外消火栓；共有_____个水泵接合器。

（3）消防水池有效容积_____；屋顶消防水箱有效容积_____。

（4）钢筋混凝土化粪池位于本建筑_____方（根据指北针填写）；型号为_____。

附：《建筑制图与识图》施工图实例

建筑施工图设计说明

一、设计依据
1. 根据甲方提供的设计任务书及红线图。
2. 南充市高坪区建设委员会二〇〇〇年二月十六日文件高建工〔2000〕22号文：南充市高坪区建设委员会对高坪区政府办公大楼方案设计的批复。
3. 南充市高坪区建设委员会二〇〇〇年二月十九日文件高建工〔2000〕23号文：南充市高坪区建设委员会关于对高坪区政府办公大楼初步设计的批复。
4. 国家及四川省的有关规范规定。

二、工程性质、规模、层数
1. 本工程为南充市高坪区政府办公大楼，为二类高层建筑，耐火等级为一级。
2. 本工程最高为九层，负一层为车库及设备用房，首层以上为办公用房，总建筑面积为14 376 m²。
3. 本工程建筑等级为二级，使用年限为50年以上，总高为39.3 m。

三、基地现状
1. 建筑基地位于南充市高坪区茅草坪村二社，呈单面南北向坡，地形高差近10 m。
2. 基地西南为城市主干道，南向为市民广场。

四、标高
本工程设计标高一层地面定为±0.000，相当于绝对标高290.90，室外地坪整平标高为287.30。

五、尺寸单位
总平面图尺寸及标高以米为单位，其他图纸尺寸均以毫米为单位。

六、总平面设计
1. 建筑外墙与相邻道路平行，施工放样以建筑外墙距道路红线距离为准，详见总平面图。
2. 建筑临道路室外踏步做法详西南J802 ①/③。

七、墙身
1. 墙体：底层地面以下60墙身处设防潮层一道，做法：20厚1:2水泥砂浆加5%防水粉。
2. 内墙装修：所有办公用房均做白色乳胶漆。
3. 卫生间内墙满贴150×300白色墙砖至吊顶高度，做法详西南J302 3408/19。
4. 楼梯间刷白色乳胶漆。
5. 除卫生间外，所有房间均设150高黑色斯米克踢脚板。
6. 外墙装修：外墙均贴面砖，详立面图。

八、地面、楼面
1. 负一层车库及设备用房做混凝土地面。
2. 底层门厅楼面面层做花岗岩，其他房间楼面面层均做斯米克地板砖，色彩由建设方与设计方协商决定。
3. 地面做法详西南J302 A104/3，楼面做法详西南J302 2201/7。
4. 底层做20厚1:2水泥防水砂浆(加3%防水剂)。
5. 卫生间贴防滑地面砖，做法详西南J507 a/19，以0.5%坡度坡向地漏。各层卫生间及厨房均做二布六涂防水层，低于该层楼面60。
6. 楼梯间踏步和平台贴浅色防滑地砖。

九、顶棚
楼梯间刷白色乳胶漆，其余部分由二次装修定。

十、屋面
1. 屋面防水等级为Ⅱ级，材料的选择及细部构造参照《屋面工程质量验收规范》(GB 50207—2012)的相关规定。
2. 屋面做法：屋面板上设1:6水泥焦渣找坡层，20厚1:3水泥砂浆找平，其上设SBS改性沥青卷材柔性防水层。防水层上用20厚1:3水泥砂浆找平，上设40厚C20细石混凝土，内配φ4@200双向钢筋，再铺架空隔热小板。
3. 泛水做法详西南J202 ①/14, ④/19，雨水口做法详西南J202 4.4/37，雨水管选用详水施，出屋面透气管详西南J202 ①/39。
4. 细石混凝土分格缝做法详西南J202 ④/16。
5. 屋面女儿墙构造柱每2 700～3 600设一道，具体位置依据开间尺寸定，做法详西南J202 31/11，压顶做法详西南J202 5/31。

十一、门窗
1. 窗采用浅绿色透明玻璃，银色铝合金窗框，建议用西南铝加工厂生产的铝材。
2. 房间门采用实木镶板门，卫生间门采用塑料门，其余门采用铝合金推拉门。

十二、油漆
1. 木门采用淡黄色调和漆一底两度。
2. 露明铁件均用红丹防锈漆两道打底，再刷银色漆。

十三、室外
1. 室外场地以1%坡向四周，沿底层外围做排水沟，详西南J802 ②/8。
2. 室外散水宽800，做法详西南J802 ⑦/2，室外踏步做法详西南J802 ①/4。

十四、施工注意事项
1. 凡有预留洞口、预埋件及安装管线设备等，请各专业施工单位密切配合，按各工种施工图要求预留、预埋，避免遗漏。
2. 请施工单位切实按照各项工程施工及验收规范进行施工。
3. 楼梯顶层构造以结施为准。
4. 施工中如发现图纸及本说明有不详尽之处，请及时与设计人员协商解决。

门窗统计表

类别	编号	洞口尺寸 宽度	洞口尺寸 高度	数量	材料	备注
门	1 M0924	900	2 400	148	木门	
	2 M1524	1 500	2 400	9	木门	
	3 M1824	1 800	2 400	133	木门	
	4 M6024	6 000	2 400	1	铝合金白玻门	
	5 M3024	6 000	2 400	1	铝合金白玻门	
	6 FM1524	1 500	2 400	4	甲级防火门	
	7 FM1824	1 800	2 400	23	乙级防火门	
	8 FM0818	800	1 800	18	丙级防火门	
	9 FM1218	1 200	1 800	16	丙级防火门	
窗	1 C1215	1 200	1 500	35	铝合金窗	
	2 C1315	1 300	1 500	18	铝合金窗	
	3 C1815	1 800	1 500	19	铝合金窗	
	4 C2415	2 400	1 500	80	铝合金窗	
	5 C3015	3 000	1 500	114	铝合金窗	
	6 C4530	4 500	3 000	4	铝合金窗	
	7 C1015	1 000	1 500	1	铝合金窗	
	8 C1515	1 500	1 500	2	铝合金窗	
	9 C3024	3 000	2 400	14	铝合金窗	
	10 C2424	2 400	2 400	9	铝合金窗	
	11 C1224	1 200	2 400	4	铝合金窗	

图纸目录

图号	图纸内容
01	设计说明　门窗统计表　图纸目录
02	总平面图
03	负一层平面图
04	一层平面图
05	二层平面图
06	三层平面图
07	四层平面图　①卫生间大样图　②卫生间大样图
08	五层平面图
09	六～八层平面图
10	九层平面图
11	屋顶层平面图　2—2剖面图　设备间屋顶平面图　楼梯2、3屋顶平面图
12	①～⑯立面图　③女儿墙局部立面图　牌坊立面展开图
13	⑯～①立面图　牌坊平面图
14	Ⓐ～Ⓙ立面图
15	1—1剖面图　④详图　⑤详图

××××建筑设计研究院	工程名称	南充市高坪区人民政府办公大楼
审定	注册建筑师	设计号 2000204
审核	校对	设计说明　门窗统计表 图纸目录
工程负责	设计	图别 建施
工种负责	制图	图号 01
		日期 2000.4

附图1　建筑施工图设计说明

附图2 总平面图

附图3 负一层平面图

附图4 一层平面图

附图5 二层平面图

附图6 三层平面图

附图7 四层平面图、①卫生间大样图、②卫生间大样图

附图8 五层平面图

附图9 六~八层平面图

附图10 九层平面图

附图11 屋顶层平面图，2—2剖面图，设备间屋顶平面图，楼梯2、3屋顶平面图

附图12 ①～⑯立面图、③女儿墙局部立面图、牌坊立面展开图

附图13 ⑯～①立面图、牌坊平面图

附图14 Ⓐ~Ⓙ立面图

附图15 1—1剖面图、④详图、⑤详图

建筑施工图设计说明

门窗统计表

类别	编号	洞口尺寸 宽度	洞口尺寸 高度	数量	材料
门	1 M0721	700	2 100	10	木门
	2 M0821	800	2 100	12	木门
	3 M0921	900	2 100	30	木门
	4 M1021	1 000	2 100	20	木门
	5 M1221	1 200	2 100	10	木门
	6 FM1421	1 400	2 100	5	乙级防火门
	7 M1521	1 500	2 100	36	铝合金白玻门
	8 M3034	3 000	3 400	5	铝合金白玻门
	9 M1534	1 500	3 400	1	铝合金白玻门
窗	1 C5421	5 400	2 100	5	铝合金窗
	2 C3021	3 000	2 100	19	铝合金窗
	3 C10021	10 000	2 100	4	铝合金窗
	4 C5221	5 200	2 100	1	铝合金窗
	5 C2121	2 100	2 100	1	铝合金窗
	6 C1221	1 200	2 100	10	铝合金窗
	7 C1821	1 800	2 100	1	铝合金窗
	8 C1621	1 600	2 100	1	铝合金窗
	9 C3121	3 100	2 100	1	铝合金窗
	10 C1624	1 600	2 400	1	铝合金窗
	11 C3024	3 000	2 400	2	铝合金窗
	12 C3124	3 100	2 400	1	铝合金窗
	13 C5224	5 200	2 400	1	铝合金窗
	14 C5424	5 400	2 400	1	铝合金窗
	15 C2124	2 100	2 400	1	铝合金窗
	16 C2524	2 500	2 400	1	铝合金窗
	17 C1824	1 800	2 400	1	铝合金窗
	18 GC3721	3 700	2 100	1	铝合金高窗
	19 GC1006	1 000	600	10	铝合金高窗

一、设计依据
1. 建设工程设计合同031201号。
2. 规划红线图。
3. 2003年12月习水县开发建设指挥部对方案的审查意见。

二、工程性质、规模、层数
本工程为贵州省习水县煤炭矿山安全生产救援培训综合用房,层数为6层,总建筑面积为3 132 m²。

三、位置
本工程位于贵州省习水县。由于没有具体的坐标资料,总平面图采用红线相对位置进行定位。

四、标高
本工程设计标高一层地面定为±0.000,由于建设方提供资料不足,如固定为路沿标高+0.450。

五、尺寸单位
总平面图尺寸及标高以米为单位,其他图纸尺寸均以毫米为单位。

六、总平面设计
1. 建筑外墙与相邻道路平行,施工放样以小区水准点坐标为准,详见总平面图。
2. 建筑临道路室外踏步做法详西南J812⑩/6。

七、墙身
1. 墙体:底层地面以下60墙身处设防潮层一道,做法:20厚水泥砂浆加5%防水粉。
2. 砖砌通风道详西南J517①/12。
3. 内墙装修:按建设方要求均只做初装修,楼梯间刷白色仿瓷涂料。
4. 外墙装修:详立面图。
5. 外墙变形缝处理详西南J112①/40。

八、地面、楼面
1. 所有室内地面均只做到找平层,面层材料及颜色由二次装修定。
2. 地面做法详西南J312 ,楼面做法详西南J312 3104。
3. 卫生间做20厚1:2水泥防水砂浆(加3%防水剂),以0.5%坡度坡向地漏,面层待二次装修定。
4. 楼梯间踏步和平台做水泥砂浆地面。

九、顶棚
楼梯间刷白色乳胶漆,其余部分由二次装修定。

十、屋面
1. 屋面防水:屋面板上设膨胀珍珠岩找坡层,20厚1:3水泥砂浆找平,4厚APP高聚物改性沥青防水层,上设40厚C20细石混凝土内配φ4@200双向钢筋。
2. 泛水做法详西南J212-1①/13,雨水口做法详西南J212-1②/49,雨水管选用D100PVC管,出屋面透气管详西南J212-1①/53,风道出屋面详西南J212-1①a/50。
3. 细石混凝土分格缝做法详西南J212-1⑨/13 ③/13。
4. 屋面女儿墙构造柱间距不大于4m,做法详西南J212-1⑧/44,压顶做法详西南J212-1③/44。

十一、门窗
1. 外门窗为白色铝合金白玻门窗,内门窗为木制,木制夹板门选用西南J611(修订本)。
2. 设备用房门均为甲级防火门,向外开启。
3. 所有楼梯间门均为乙级防火门,竖井门均为丙级防火门。
4. 办公室外门为防盗门(成品),门窗的规格与数量详见门窗表。施工单位或厂家应事先核定规格,数量并结合土建施工实际洞口尺寸再行下料制作(铝合金门为90系列,铝合金推拉窗为70系列,质量要求按国标92SJ606,92SJ712)。

十二、洁具
本图中所有浴缸参见西南J517①/33。
所有洗手池参见西南J517①/32。
所有蹲式大便器参见西南J517①/34。
所有坐式大便器参见西南J517③/33。
所有地漏参见西南J517④/34。

十三、油漆
1. 木材面为油性乳白色调和漆一底两度,详西南J312(3272/39)。
2. 露明铁件均用红丹防锈漆两道打底,再刷银灰漆。

十四、室外
1. 室外场地根据现场实际情况作坡度1%坡向四周,沿底层外围做排水沟,详西南J812①a/3。
2. 室外散水宽600,做法详西南J812④/4;室外踏步做法详西南J812③a/6。

十五、施工注意事项
1. 凡有预留洞口、预埋件及安装管线设备等,请与专业施工单位密切配合,按各工种施工图要求预留、预埋,避免遗漏。
2. 施工单位切实按照各项工程施工及验收规范进行施工。
3. 施工中如发现图纸及本说明有不详尽之处,请及时与设计人员协商解决。

图纸目录

图号	图纸内容	图幅
01	设计说明 门窗统计表 图纸目录	A1
02	总平面图	A1
03	底层平面图	A1
04	二层平面图	A1
05	三层平面图	A1
06	四层平面图	A1
07	五层平面图	A1
08	六层平面图	A1
09	屋顶层平面图	A1
10	屋顶构架平面图 卫生间1平面大样图 卫生间2平面大样图	A1
11	①~⑧立面图	A1
12	Ⓐ~Ⓕ立面图	A1
13	1—1剖面图 ④、⑤详图	A1
14	楼梯1平面大样图	A1
15	楼梯2平面大样图	A1

附图16 建筑施工图设计说明

建筑节能设计说明

一、设计依据

1. 《民用建筑热工设计规范》（GB 50176-2016）。
2. 《民用建筑供暖通风与空气调节设计规范》（GB 50736-2012）。
3. 《公共建筑节能设计标准》（GB 50189-2015）。

二、工程概况

本工程为贵州省习水县煤炭矿山安全生产救援培训综合用房，建筑地点为贵州省习水县县城，按国家节能设计标准划分属于夏热冬冷地区。工程总用地面积约1 628 m²，总建筑面积3 132 m²，容积率2.06，建筑主要功能为教学培训。主入口设在南向，垂直交通为楼梯。建筑主要结构为钢筋混凝土框架结构，主要外墙为200厚页岩空心砖墙，局部隔墙为100厚页岩空心砖墙，屋面为防水保温屋面，主要采光窗为铝合金窗，北向正立面门厅上部有小面积玻璃幕墙，玻璃外框为铝合金，玻璃为热反射镀膜玻璃，开窗面积约30%。

三、节能设计

1. 建筑朝向的选择：东西向设为山墙，在满足结构、消防要求的同时，有效地减弱西晒对大部分房间的影响。
2. 门厅上部雨篷及屋顶装饰架：出于对节能及建筑"第五立面"设计的综合考虑，在门厅上部设置雨篷，在屋顶利用造型作装饰架的设置，既丰富了立面，又改善了出入口及屋顶部分的通风与隔热效果。
3. 通风系统设计：门厅一、二层设计为共享中庭，约30%可开启玻璃幕墙，使建筑在夏季全开启窗口状态下形成自然通风，带走室内热量，冬季关闭后则形成温室效应，以达到冬暖夏凉的目标。
4. 外墙保温隔热：窗墙面积比(规范要求窗墙面积比≤0.7)；北面明框玻璃幕墙及明框玻璃窗窗墙面积约50%，采用热反射镀膜玻璃；南面明框玻璃窗窗墙面积约50%，采用热反射镀膜玻璃；东、西面以实墙面为主，根据功能需要开窗，窗墙面积约25%，采用热反射镀膜玻璃。

四、给水排水节能设计

1. 选用节水型卫生洁具及配水件。
2. 卫生间坐便器及采用容积为6L的冲洗水箱。
3. 公共卫生间采用感应式水嘴、感应式小便器冲洗阀和蹲式大便器（采用脚踏式冲洗阀）。
4. 采用计量收费，可根据用水单位不同，分设水表计量。

总平面图 1:500

经济技术指标

总建筑面积	3 132 m²
建筑红线面积	1 628 m²
容积率	2.06
覆盖率	36.2%
绿化率	37%

附图17　总平面图

附图18 底层平面图

附图19 二层平面图

附图20 三层平面图

附图21 四层平面图

附图22 五层平面图

附图23 六层平面图

附图24 屋顶层平面图

附图26 ①~⑧立面图

附图27 Ⓐ~Ⓕ立面图

附图29 楼梯1平面大样图

附图30 楼梯2平面大样图

项目编辑：瞿义勇
策划编辑：李 鹏
封面设计：广通文化

北京理工大学出版社
BEIJING INSTITUTE OF TECHNOLOGY PRESS

通信地址：北京市海淀区中关村南大街5号
邮政编码：100081
电话：010-68948351 82562903
网址：www.bitpress.com.cn

ISBN 978-7-5682-5798-5

定价：58.00元